风景园林挡土墙

李成　周振东　著

化学工业出版社
·北京·

内容简介

本书主要研究风景园林挡土墙的概念与含义、起源与发展、功能与作用、施工工艺与管控要点等，明确了风景园林挡土墙在园林景观中发挥的功能作用、应用范围、可实施性，并通过对大量实际案例的分析来进一步展示风景园林挡土墙的实际应用效果，进而为从事风景园林行业的设计师和工程师提供更多的借鉴与参考，直观感受挡土墙在不同的环境下，通过不同质地和造型，营造出不同的景观效果。同时，也为风景园林的设计师和工程师提供了风景园林挡土墙建造的技术支持和管控要点，保证挡土墙的顺利建造和呈现效果。

本书适合风景园林设计师、工程师、建设方，以及风景园林、环境艺术设计等专业的教师和学生阅读使用。

图书在版编目（CIP）数据

风景园林挡土墙/李成，周振东著. —北京：化学工业出版社，2023.11

ISBN 978-7-122-44037-2

Ⅰ.①风… Ⅱ.①李…②周… Ⅲ.①园林-挡土墙 Ⅳ.①TU986.3

中国国家版本馆CIP数据核字（2023）第154013号

责任编辑：毕小山　　文字编辑：冯国庆
责任校对：宋　夏　　装帧设计：韩　飞

出版发行：化学工业出版社（北京市东城区青年湖南街13号　邮政编码100011）
印　　装：河北京平诚乾印刷有限公司
787mm×1092mm　1/16　印张10¾　字数222千字　2023年11月北京第1版第1次印刷

购书咨询：010-64518888　　售后服务：010-64518899
网　　址：http://www.cip.com.cn
凡购买本书，如有缺损质量问题，本社销售中心负责调换。

定　　价：98.00元

/前言

风景园林挡土墙作为挡土墙与园林景观相结合的一种工程与造景方式，在实现其基本的挡土固土功能的基础上，融入园林景观设计手法，强化其可观赏的美学性和艺术性，更好地与景观环境结合呼应起来，形成各具特色的景观节点。在风景园林设计和建设中，为解决场地的竖向高差问题、营造丰富的地形变化、打造下凹空间、维护道路与河流的护堤等，营建风景园林挡土墙的方式被广泛应用。

本书分为两大部分，第一部分为风景园林挡土墙的综述研究，共6章，包括风景园林挡土墙的有关概念与含义，风景园林挡土墙的起源与发展，风景园林挡土墙的功能与作用，风景园林挡土墙与其他园林景观要素结合，风景园林挡土墙的分类与主要施工方法，各类型风景园林挡土墙施工工艺等内容；第二部分为风景园林挡土墙案例分析，包括石砌挡土墙案例、石笼挡土墙案例、砖砌挡土墙案例、金属挡土墙案例、木材挡土墙案例、混凝土挡土墙案例、混凝土预制块挡土墙案例等内容。

本书旨在通过研究风景园林挡土墙的发展史、分类、作用、施工工艺等，明确风景园林挡土墙在园林景观中的作用、应用性和实施性，并通过大量的实际案例分析来进一步展示风景园林挡土墙实际应用效果，进而为从事风景园林的设计师和工程师提供更多的借鉴性案例，直观感受挡土墙在不同的环境下，通过不同造型和质地，营造出不同的景观效果。

本书的编写得到了同行好友、同学校友的大力支持与帮助，在此一并致以深深的谢意。

由于著者水平有限，对风景园林挡土墙的综述研究可能存在不足，案例分析也可能与设计者的表达存在偏差，希望广大读者提出宝贵意见。

著 者

2023年5月

/目录

第1章 风景园林挡土墙的有关概念与含义

1.1 园林

园林是指在一定的地域中，运用工程技术和艺术手段，通过改造地形或进一步筑山、叠石、理水、种植树木花草、营造建筑和布置园路等途径创作而成的美的自然环境和游憩境域。

园林的类型繁多，包括公园、花园、植物园、动物园、庭院、宅院、园林广场、道路街区园林绿化等。虽然各种园林的性质和规模不尽相同，但它们都是由山水、地形、植物、建筑这四大要素的综合运用创造而出的景观。

1.2 风景园林

“风景园林”这一概念产生于1863年弗雷德里克·劳·奥姆斯特德（Frederick Law Olmsted）在给纽约中央公园委员会信中的落款——Landscape Architecture。1948年，国际风景园林师联合会（IFLA）针对环境危机的出现，对风景园林学科定义做出解释：要求成为一种与自然系统、自然界的演化进程和人类社会发展关系密切联系的专门知识、专门技能和专门经验的学科。1865年，奥姆斯特德主持建设的纽约中央公园，目的是为大众提供服务，其开拓了现代风景园林学的先河。1958年，奥姆斯特德和克尔弗特·沃克斯（Calvert Vaux）为纽约中央公园提出的“绿草坪”设计概念，是美国风景园林开始为普通民众打造休闲娱乐空间的开始。易道（EDAW）的盖瑞特·埃克博（Garrett Eckbo）提出“风景园林要为生活服务”这一社会属性。丹·凯利（Dan Kiley）提出传统与现代结合之后，随之开创了“现代主义”的设计思潮。之后，詹姆斯·罗斯（James Rose）提出他的景观设计思考，加速了风景园林学科创造性和独特性思维的进步。20世纪中期，伊恩·麦克哈格（Ian McHarg）从风景园林学科的视角提出了生态保护的重要性，对生态和环境保护意识的发掘起到了觉醒作用。上述学者提出的理论和实践成为西方现代风景园林的启蒙。

随着时代的发展，各国城镇化的进步和更新，以及人类对室外生活空间类型和功能要求的复合性与多元化，风景园林学科的研究对象已然从最初为私人服务的小花园发展到为城市公众服务的大公园、城市开敞绿地和城市广场，又扩展到各类自然公园、自然保护区、国家公园，后来又拓展到区域景观格局。

1.3 挡土墙

挡土墙的定义是为了防止土坡坍塌、延伸，承受土坡侧向压力，根据场地地形而创造的构筑物，是一种被广泛运用在园林土方工程中来解决由地形变化和地平高差所导致的工程问题的重要手段。

运用或者创造地形时，为了平整场地，营造场所空间，不同的高差之间便会产生一定高度的陡坎。此时，由于陡坎坡度太大，甚至大于土壤的自然安息角（通常为30° ～ 37°），为了抵挡土壤的推力产生的形变，就需要建造挡土墙，从而起到承受土壤侧向压力、防止土壤坍塌的功能作用。挡土墙最开始只是被应用到建筑工程中，比如房屋地基、堤岸、码头、河池岸壁、路堑边坡、桥梁台座、水榭、假山、地道、地下室等，起到加固土方坡，防止土方或石块滑落，保护道路和建筑物的稳定以及保护人的安全的作用。

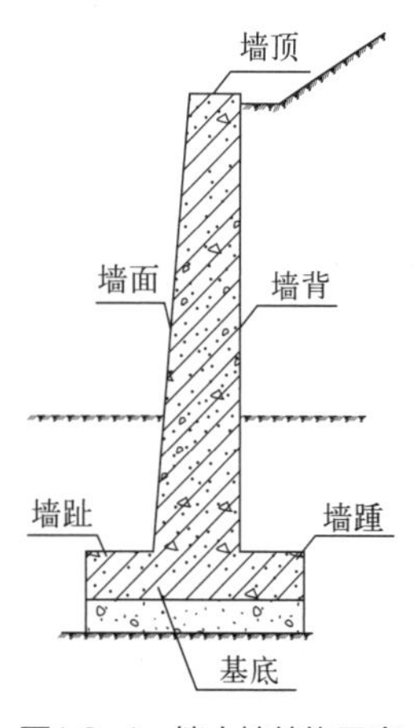

图1.3-1 挡土墙结构示意

挡土墙一般由墙身、基底（基础）、压顶（可不设置）、排水体系组成，各组成部分又因其部位及功能不同被命名为不同名称。在挡土墙横断面中，墙身与被支承土体直接接触的部位称为墙背；临空部位称为墙面；与地基直接接触的部位称为基底，基底的前端称为墙趾，基底的后端称为墙踵；与基底相对的墙的顶面称为墙顶（图 1.3-1）。

仰斜墙背的坡度一般应大于 1∶0.3，而俯斜墙背的坡度为 1∶（0.15 ～ 0.25），两侧都用于路肩墙和路堤墙，小于 4m 的低墙采用垂直墙背。凸形折线墙上下墙的墙高比为 2∶3，用于路堑墙。衡重式挡土墙在山体公园中比较常见，用于地形陡峻的园路的路肩墙或路堤墙，园路的路堑墙也会用到，上墙俯斜墙背坡度为 1∶（0.25 ～ 0.45），下墙仰斜墙背为 1∶0.25，上下墙的墙高比为 2∶3。

墙面通常为平面，墙体挡土墙所留的坡度和墙背的坡度一般会协调一致。但墙面坡度有时也会影响挡土墙的高度，所以在地面横坡较陡的情况下，墙面的坡度通常会控制在 1∶（0.05 ～ 0.20），陡直墙面的做法有时也会应用到矮墙上；地面较平缓时，一般采用 1∶（0.20 ～ 0.35）较为经济。

墙体和墙顶宽度在挡土墙结构中是比较小的，浆砌挡土墙大于 50cm，干砌挡土墙大于 60cm。浆砌路肩墙墙顶的顶帽通常选择粗石料和混凝土，厚度一般控制在 40cm；如不做墙体顶帽，顶部则用大石块代替，并在石块缝隙中填充砂浆，保证其密封。干砌挡土墙的墙顶高度需要控制在 50cm 以下，同时配合砂浆进行砌筑，目的是更好地增加墙身的稳定，干砌挡土墙通常高度控制在 6m 以下。

1.4　风景园林挡土墙

风景园林挡土墙主要指在风景园林工程中应用的挡土墙。

风景园林挡土墙有机结合了挡土墙与园林景观，使得挡土墙在实现其基本功能的基础上，强化了环境意识与美学意识，在设计施工中融入园林景观设计手法，并与景观环境结合和呼应起来。

挡土墙在风景园林中的应用大多基于地形的变化。日常生活中可以看见，在地势变化较大的山地景观中，有着大量的挡土墙景观群。挡土墙还常用于桥梁台座、水榭假山、房屋地基、路堑边坡等工程之中。经过设计的挡土墙可以成为园林中一个新的造景元素，体现出工程与设计有机结合所产生的成果。在园林景观中，挡土墙对于地势较低的场地来说，无疑提供了一个竖直的景观立面。它所具备的功能在“挡土”的基础上，有了更加丰富的内在价值，形成一个较为持久的景观元素。

第2章 风景园林挡土墙的起源与发展

2.1 风景园林挡土墙的起源

挡土墙的起源和建筑物的发展密不可分，挡土墙的发展伴随着建筑发展过程中不断变化的材料与技术。自然界给人类提供的第一种建筑材料便是石头，当原始人们休憩于各个山洞之间抵挡危险与风寒时，石头也自然而然地出现在挡土墙的运用中。早期的挡土墙在建造时只是简单地将石头进行堆砌，以场地的稳固作为堆砌的初始目的。这种最初的挡土墙砌筑方式一般称为干垒式（干砌式）石头挡土墙。这种挡土墙的技术方法较为简单，使用历史也较为久远。

在欧洲的园林历史中，早期挡土墙的出现同样是为了满足工程上的需要而修建的。放眼欧洲古代园林，以砌石为主的挡土墙给人一种庄重严肃感，但没有将挡土墙的艺术性融入工程实践中。当欧洲兴起新兴资产阶级思想文化运动后，文化复兴运动从意大利开始，并深刻地影响了意大利人的思想观念，对于园林环境的审美意识也毫不例外地发生了变化。意大利台地园因为地理环境因素的影响，园林依山而建，使得台地园成为文艺复兴时期园林类型的主流。而在解决山地土坡的坡度问题时，意大利台地园的建造就运用了大量的挡土墙，景观设计师就如何塑造挡土墙的景观性进行了思考。设计师们开始对挡土墙进行一定的竖向分割，在墙体上添加纹理与图案，完善墙面的立面效果，或者在墙体上建造洞穴，放置神灵雕像，使其成为具有艺术观赏效果的挡土墙，并起到了一定的交通指示作用。后期随着艺术雕塑、水景以及花纹雕刻等在挡土墙上的应用，挡土墙的景观特色越来越明显，慢慢也成为台地园的特色与标志。

在我国，砌筑挡土墙最早使用的材料同样是石头。中国在几千年前就开始使用晒干的土石块来进行建筑的建设。在春秋战国时期陆续烧制了方形和长方形的黏土砖，来为建筑提供建材。并且在现存的众多村落之中，依旧可以看到当地是通过石材来堆砌墙体的，保证土坡的稳固性。由此可见，挡土墙的起源多是来源于建筑的建造，依附于建筑发展过程中材料的运用，与建筑发展的历史密不可分。

2.2 风景园林挡土墙的发展

2.2.1 国内发展

墙体是园林景观中常见的造景形式，它起到限定公园、小区界限的作用。我国古代历史资料显示有其他叫法，如墉、垣、壁。《尔雅》曰："墙，谓之墉。"《广雅》曰："墉，垣墙也。"《说文解字》中提到："垣，墙也，从土。"又或者："壁，垣也，从土。"由于我国古代的墙体基本是土筑墙，所以现代汉字中与墙体有关系的文字通常带"土"。如《说文解字》提到"墙，垣蔽也。"可以看出墙体具有掩护和遮蔽等作用。挡土墙是墙体分类的重要部分，在中国古代历史的实践和理论上均取得了不错的进展和成就。

2.2.1.1 实践方面

挡土墙的发展史与中国古代劳动人民的智慧和一次又一次的实践总结是分不开的，中国人民善于总结经验并将其薪火相传。在中国的古长城、古建筑、古墓、观天象的遗址中，但凡涉及土方的，都可以看到以石或土为主要材料、具有挡土墙功能的建筑痕迹。由于我国古代建筑技术和科学发展的限制，古代挡土墙主要是土石结构，现在，在我国农村的一些土屋上依然可以看到土夯挡土墙、干垒挡土墙。这些挡土墙主要是发挥其基本功能，大多数无景观性。而尹文主编的《说墙》中提到，殷墟时期主要材料是夯土，到了春秋战国时期就出现了被烧制的黏土砖。

到秦汉以后，挡土墙的砌筑手艺、建造材料以及材料的采集规模、质量、表面花饰图案的构造都有了长足的进步，有"秦砖汉瓦"之称，当时人们利用砖窑烧制出的土砖结合石材，筑成了宏伟壮观的万里长城，反映了挡土墙技术在中国古代文明史上的发展脉络。

"一池三山"的布局模式在很大程度上影响着我国古典园林的设计和建设，特别是在皇家园林和私家园林中，清代的戈裕良、张南垣等造园家善于使用黄石、太湖石等自然石材筑山叠石，以模拟大自然真山的嶙峋景象；另外，堆砌假山体现自然野趣的同时，假山、驳岸的砌筑也起到保水固土的作用，假山置石的挡土功能便已出现。

秦汉时期，园林中开始兴起筑山理水的造景手法，在"一池三山"的私家园林和寺庙园林中，石堆假山开始具有了一定的挡土墙功能，景观与挡土墙渐渐结合在一起，并发展兴盛起来。在一些高差较大的地方，为了防止土壤坍塌，造园师会根据地势堆叠湖石假山，有时也会在园路两侧或林间堆叠石块，在防止水土流失的同时又营造一种自然的景观，这类挡土墙在明清时期的古典园林中得到了广泛应用。在我国历朝历代基本都可以看到这种土石挡土墙，但是由于当时的技术和材料的限制，对景观的要求和审美发展受限。

2.2.1.2 理论方面

随着工程技术的进步和建筑材料的创新，风景园林挡土墙除满足其功能的要求外，对其艺术性和美学也提出了更高的要求。新的生态型挡土墙得到广泛研究和发展，王渭章等开始研究重力式挡土墙的生态经济的兼具性。随着国内“生态美学”“园林美学”等设计理念的提出与发展，挡土墙的景观化研究和艺术创造也会实现从无到有、从少到多的转变。

余胤周在《对山地小区挡土墙设计的思考》中提到，山地的挡土墙在发挥其实际功能之外，还应该做到既美观又能体现区域文化特色。安琳媛在《挡土墙设计之景观效应》中提到，挡土墙应通过研究和设计具体空间变幻来优化提升景观。王海波等在《在景观工程中挡土墙的设计形式及多功能性》中提出，应结合场地园林景观要素进行景观性结合和呼应。张静在《现代园林中挡土墙及护坡的设计》中提出，挡土墙应更好地结合场地环境和园林植物，强调挡土墙的景观度与生态性。郭淑清在《园林挡土墙的景观艺术性》中提出，现代挡土墙应做到小而精，巧而精，挡土墙的材质要与园林环境相呼应且艺术化。陈启汉等在《山地城市挡土墙艺术造型和绿化研究》中提出，挡土墙应与立体绿化进行生态结合。李顺阳等在《浅谈山地小区挡土墙设计》中强调了挡土墙的整体性规划原则。杨睿在《重庆主城区道路挡土墙装饰艺术分析》中建议城市道路的挡土墙应进行艺术化。周家山等在《攀缘和披垂类植物在山区城市垂直绿化中的应用》中建议用植物去遮挡挡土墙，体现园林植物景观，继续拓宽设计师的视野。

高志强在《挡土墙特征性研究》中提到“西固挡土墙”。林海燕在《城市绿地中的挡土墙设计研究》中开始广泛调查听取大众意见进行改良。叶春旺在《园林中景观挡土墙的应用研究》中总结整理了不同地域空间下挡土墙的针对性设计策略。

近年来，对风景园林挡土墙采用环保材料来提升景观效果进行了大量的研发，随着施工技艺的提升，进而为挡土墙在景观上的营造提供技术支持，逐渐丰富并提升了生态挡土墙的内部结构和外部景观效果。

2.2.2 国外发展

2.2.2.1 实践方面

4 世纪之前的四大文明古国里，只有古希腊和古罗马的古典园林中有挡土墙的记载，当时的材料主要是砖砌，功能单一，并没有景观性，如古希腊的雅典卫城、古罗马的哈德良山庄，均建造有挡土墙。

进入 15 世纪以后，只有意大利、美国、英国、日本、加拿大等国家对挡土墙进行过实践和研究。最出众的是意大利，意大利历史悠久，拥有典型的台地园景观风貌，接着便是文艺复兴，使整个欧洲国家的花园、造园技艺有了新的发展。由于意大利庄园别墅的地理位置和当地气候，逐渐产生了挡土墙。到了文艺复兴中期，优秀的景观设计师多纳托布拉曼特在达・芬奇思想的熏陶下设计的望景楼园，在柱廊的外部建造墙体，内侧建造柱子，进而达到了台地园空间整体的和谐与统一，使其完备地形成了一个具有围合感的内向空间。成为意大利台地园后期发展的方向，对后期挡土墙的景观艺术创作也产生了较大的影响。

16世纪40年代，欧洲著名的三大庄园——法尔奈斯庄园、埃斯特庄园和兰特庄园，出现了各种各样的挡土墙及景观。如在法尔奈斯庄园中，挡土墙与人像喷泉出水口的结合，使挡土墙与景观的结合更加紧密。而在埃斯特庄园中，借助水景为主的挡土墙进一步丰富了百泉台的景观。另一处景点“水风琴”，借助挡土墙和水景相衬托，形成了一幅美丽的乐章，并成为整个园林的视线焦点。而在兰特庄园中，雕塑与挡土墙有着更加紧密的结合，挡土墙与自身周围环境紧密结合，相互映衬，使挡土墙的景观形式更加美观，也彰显了整个园林的轴线设计，并且使台地园的景观成为视觉中心。

17世纪，在法国的勒诺特尔式园林中，在两大著名园林——沃・勒・维贡特府邸花园和凡尔赛宫苑中都出现挡土墙，前者在园林规划设计中把雕像、台阶和水面与挡土墙相结合，这种处理不仅使花园的景观更加主次分明，而且提升了水面的美观性。在凡尔赛宫苑中的“水剧场”，因为高差较大，设计了下沉的圆形广场结合水池，增设石阶和跌水，使墙体看起来更低，与周边逐渐上升的草坪形成了一个观众席，周边有茂密的树林，形成了一个密闭的小剧场。勒诺特式园林的风格出现之后，在俄罗斯和西班牙逐渐流行，俄罗斯彼得宫建筑前广场，将挡土墙与雕像、跌水、喷泉等重要景观要素相结合之后，进一步衬托了宫殿的高大。在西班牙拉・格兰贾宫苑中，挡土墙结合地形变化，再加上水体景观的映衬，更加突出了建筑原本就有的景观轴线。

18世纪，英国开始发展自然式风景园林，推崇自然的理念，让设计去模仿自然，再现自然，强调风景园林给人的感受应是一种自然景观的传递，从而反对花费太多的人力和物力去打造园林，在形式和选材上贴合自然。挡土墙也是如此，没有过多的景观装饰，这个时期建造的挡土墙景观，大都简单自然，自然和生态性是这个时期的特点。

19世纪，英国的波德南园中的挡土墙景观，增加了休憩功能，当时颇受欢迎。

从20世纪至今，挡土墙景观出现了更为综合的功能，比如围合和限定空间等，其代表为杜伊斯堡风景公园，材料除了砖和石块外，还出现了混凝土块，材料的颜色也丰富多彩，如萨尔布吕肯市的港口岛公园，运用了大量的红砖、灰砖。公共广场中，挡土墙与竖向的水景相结合，打破了空旷的水平空间。竖直的跌水和墙体，也是为了使人们与水体相接触，利于产生活动空间的中心景观。挡土墙的形式也出现了丰富的变化。

2.2.2.2 理论方面

国外理论研究主要是工程结构方向，理论实践较为深入和完善，对生态式挡土墙的研究相对较多，而且都有自己的理解。出于对环境的保护，会在挡土墙中使用一些新型可再生环保建材，减少用天然材料来建造挡土墙，并进行了一些理论与方法的研究。

美国有许多专业品牌材料公司致力于挡土墙材料的研究，如美国耐特龙有限公司出版了施工指南，并且执行统一的行业规范和设计守则。在课程教材当中，还有专门的解释和论述。行业协会和管理局统一出版了不少挡土墙性能研究的书籍，如美国的土木工程协会、联邦公路管理局和得克萨斯州的运输局等。

日本作为一个多山、多地震的岛屿国家，也总结了相当一部分理论研究和实践经验。1987年，日本就提出了陡黏土边坡，使用无纺土织物加筋的处理手法；1992年前后，日本提出土工合成材料的加筋土挡土墙；日本的道路公团、建筑协会等也颁布了一系列工程规范。加拿大皇家军事学院也做过类似的结构工程研究。

对比国内，国外对挡土墙景观化研究得较少，还未形成完善的体系，但在工程实践中却有着一定成就。

挡土墙的历史见证了人类社会文明的发展，最早的挡土墙的出现，除了简单的防护功能外，也运用在古代建筑、祭祀、水利等工程方面的建设中。人类最早认识的建筑材料是土和石，最初的挡土墙形式也大多为土石结构。直至今天，很多古老的城镇仍然保留着土夯挡土墙和石块干垒挡土墙的身影。在古代，建造挡土墙的经验始终薪火相传，且伴随着社会文化的各个方面迅速发展起来。在挡土墙发展的初期，挡土固土的实用功能是挡土墙存在的最大意义，在景观审美方面涉及较少。

随着景观园林行业的不断发展，人们对于生态环境和美学价值的要求也随之提高。虽然目前挡土墙的潜在景观功能性、生态性、艺术性在景观设计中所占的比重越来越大，现在的挡土墙也兼具生态性和美学价值，但尚未有一个成熟完整的理论体系。

在对风景园林挡土墙的设计上，人们也越来越多地要求生态性设计融入其中，使风景园林挡土墙同时具备功能性、生态性和美观性，并且希望在挡土墙的设计上可以融入当地文化，创造出具有地域性和文化性的风景园林挡土墙，成为当地的标志性景观。

第3章
风景园林挡土墙的功能与作用

挡土固土是风景园林挡土墙本身最基本的实用功能。挡土墙也拥有空间分割的功能，它能使坡度平面化并且创造出更多的可用空间，形成供人们休憩游玩的空间领域；同时，挡土墙也可以引导组织交通、改善小气候，作为景观的一部分，可以形成一种独特的风景，让人可以感受到它的文化艺术美，作为文化艺术的载体，也可以与其他要素组合造景。

3.1 挡土固土

挡土墙这个概念最初是基于工程实践诞生的。在自然原始的坡地中，土壤经过自然堆积，会形成一个坡度一致的土体表面，此稳定的表面即称为土壤的自然倾斜面。自然倾斜面与水平面的夹角，就是土壤的自然倾斜角。在工程建设中遇到坡地，为了平整不同场地而造成与相邻场地之间出现高差，从而产生陡坎，超过土壤的自然倾斜面角，土壤会产生推力。为了有效抵御这个推力，防止土壤坍塌，需要建造坚固的墙体来阻挡平衡土壤的推力。由此可见，最初挡土墙的产生完全是出自它能够“挡土固土”的功能，防护功能作为其基本功能，主要是为了防止土壤坍塌，水土流失，解决竖向高差的变化问题。

风景园林挡土墙与其他工程中的挡土墙具有相同的基本功能，都是为了防止土壤坍塌，解决竖向高差问题。在工程实践中，要根据所在地的土壤条件和地质结构情况，选择适合环境条件的墙体结构类型，保证护坡固土的作用，突出挡土墙应该具有的基本功能，而后在此基础上进行景观设计。

风景园林挡土墙是形成城市景观的主要构成元素之一，在自然界中也极具景观美学价值。在挡土墙建设中，应该尊重自然规律，针对平面、立面形态和断面进行设计，建造具有美学规律的护坡景观，选择适宜的材料和景观规划设计手段。在保证挡土墙的基本功能上提升挡土墙的美观性，形成园林中独特的线型景观。

3.2 空间划分与营造

风景园林中设计的挡土墙，具有划分空间的功能。不同形态的挡土墙带给人的体验是不同的，曲线形的挡土墙能带给人流动的感觉，形成节奏感，具有一定的导向作用，可以引导行人按既定的路线行进。在折线形的挡土墙中，折线是处在直线与曲线之间的一种过渡线性形式，具有简洁、动感的特点。

风景园林挡土墙在景观中可以使坡度平面化，创造出多个空间。挡土墙在一定意义上创造了空间，使不同竖向标高、富于层次变化的场地在坡地上产生，同时与不同功能的景观元素结合，满足不同人群的需求，为场地的设计提供了更加丰富的切入点。园林设计是对空间的设计，而地形是塑造空间的骨架。挡土墙的设计必须从对空间的布局出发，把挡土墙作为塑造空间的一种手段，将会产生与众不同的景观视觉效果。在面积较大的坡地上，挡土墙会形成景观墙群，经过景观化的设计，塑造出更丰富的视觉效果和景观空间变化。在山地景观中，挡土墙有时会成为统筹全局结构的重要景观要素。

风景园林挡土墙砌筑占地面积与竖直高度，可以制约空间的开敞或封闭程度，影响场地的边缘范围及空间方向。

不同的开敞空间会带给使用者不同的心理感受。对于较高空间场地，营造开敞的小型空间，空间内的游客会拥有良好的视觉效果，相对的隐私性较低，此时挡土墙的主要作用是分割空间。对于较低空间场地，挡土墙的作用是围合并分割空间，可视范围较小，但拥有很强的私密性，营造安全感。例如，位于耶路撒冷戴维斯市区中心的小花园，设计者从使用者的隐秘感出发，利用较高的连续弧形挡土墙围合成安全感极强的空间，成为儿童喜爱的舒适空间。需注意，当挡土墙的高度大于2.0m时，上部空间具有安全隐患，要设置防护设施，可以通过植物绿化、置石、水池等来阻止游人接近挡土墙边缘。

一处挡土墙，经过艺术化的设计，选择不同质感的材料，分割与围合空间，可以塑造出视觉效果丰富多彩的景观。甚至在某些空间营造中，挡土墙是作为统筹全局结构的景观要素而存在的。

3.3 组织交通

园林中的交通引导除了园路之外，还可以通过挡土墙进行阻隔，面对具有相应的高度和长度的挡土墙，游客会下意识地向两侧折返，故具备一定的导向性。对于一般性的挡土墙，它的存在意味着空间和交通的受限，通过其相应的高度，在视觉上传递给游客即将到达空间边缘的信号。而对于一些特殊的挡土墙，如位于道路两侧的挡土墙，或是作为交通路线的台阶式挡土墙，能够起到组织和引导游览路线的作用，影响人车通行的方向与速度。

在现代园林景观中，景观墙体作为空间竖向界面，起到的另一个作用是引导人们的视线，帮助人们区分空间层次。随着当今城市的发展，公共空间越来越狭小，人们更习惯于运用景观墙体增加空间的层次性和私密性。景观墙体自身作为竖向实体构筑物，其主要方向有两种形式：其一是明确游走方向，指明行进路线的水平方向；其二是将游客的感知指向垂直方向，实现目标的转移。但是如果增加的景观墙体更多地扮演了一个凸起的干扰物阻断人的视觉，那么挡土墙的引导作用将散失，对景观带来的影响将是极其消极的。

而风景园林挡土墙作为交通引导方式较为潜移默化，挡土墙在微环境中往往通过自身特定形态要素、内容潜意识表达，使得由其分隔限定的空间环境呈现出特定的环境氛围。游客在挡土墙“含蓄、委婉”的引导下，通过行为暗示产生一定的共性，其交通路线与休憩心理等方面会产生一定的变化。

3.4　改善空间小气候

在园林中由各种因素影响而产生的小气候，影响着空间的环境。营造良好的环境能够给游客提供一个心旷神怡的空间场所，感受空间氛围，增强游客的体感舒适度。

园林空间中的小气候会受到形态与高度各异的挡土墙的影响，主要表现在对空气流动、日照和噪声的影响。当挡土墙的走向平行于地域主导风向并顺应空气流动时，将有利于通风；相反，垂直于地域主导风向的挡土墙将阻挡空气流通，起到防风作用。在景观空间中，可以设计不同形态的挡土墙，如凸起、下凹来控制风的走向，一方面可以改善部分区域的温度，另一方面对景观效果良好，但抗风能力较弱的花卉没有改善作用。风景园林挡土墙可以通过植物的种植控制空间内的湿度，给予游客相对的舒适感。挡土墙产生的影子可以成为景观的一部分：一方面，一定程度上的空间光照，与之产生的遮阴场所，可以使整个空间充满生机，打造出别开生面的景致；另一方面，挡土墙作为空间与外界环境的隔离屏障，可以有效地阻拦各空间的活动音源，有明显隔离空间以外的噪声的作用，增强游客领域感的同时，对于园林中一些休息场所的安静氛围有积极的效果。通过垂直绿化的方式，可提高挡土墙的生态性以提升空气含氧量，改善该空间的微气候。

3.5　文化承载与美学表达

地域文化与当地环境的相融使得城市的自然特征和民风民俗都有了独特性与唯一性。历史的沉淀使得一座城市有着自己的文化特色，赋予了城市中公园、街道等各种绿地特定的历史和文化内涵。风景园林挡土墙在景观空间中以实体形式存在，将想要传达的信息以自身形态和墙面内容一同展示给游人，不仅成为空间中的重要造景元素，还是重要的视线景观元素。风景园林挡土墙通过其不同材质、色彩、体量的组合形式传达出不同的传统文化，文化的承载方式可以是简单的文字刻录和浮雕展示，也可以是艺术加工后的抹灰绘画、做旧处理手法等。作为人类精神世界和人类物质文明的纽带，凸显出挡土墙所承载的文化功能尤为重要。

由于风景园林挡土墙具有一定的高度和长度，因此在垂直面上可以使用书法、绘图、浮雕、贴图等艺术形式进行表达。如在德阳市区泰山北路艺术挡土墙的“中国民间故事”，工匠在拱洞长廊的木雕上雕刻三十八个传奇式的民间故事，这些都是中国传统文化的精髓。这些在挡土墙上传递的中国经典的民间传说、文化故事，成为园中表达文化的重要方式，它讲述了我国悠久的文化，辉煌的古老文明，深厚的历史和文化底蕴，为我们民族传统文化的传承做出了巨大的贡献。

通常风景园林挡土墙经过艺术化的加工，可以增强人的游玩体验，以及景观的环境艺术表现力。为打破原本的突兀感与单调乏味，应该根据该环境条件和地域特征，配合水、石、植物等其他园林要素综合设计，对风景园林挡土墙的整体造型与展示墙面进行仔细的推敲，使其变成具有园林艺术美学特性和历史文化内涵的景观挡土墙。挡土墙可以从质感、色彩、艺术形式三个方面表达艺术美学。

3.5.1 质感表达

（1）不同材料的质感表达

在风景园林挡土墙的设计中，其质感与材料有着密切的联系。挡土墙的美，在很大程度上要依靠材料质感的美。人们通过触觉和视觉所感知的物体素材的结构，产生的材质感被称为质感。不同的材料会带给游客不同的质感体验，比如从石头上感受到的是沉重、踏实、稳重的感觉；而从木材中感受到的感觉更偏向于亲近与轻盈；从柔丝这类细致光滑的材料中可以感受到高雅、细腻的情调，这些都是人类对于不同事物的质感体会。

（2）不同拼接方式的质感表达

除了材料本身固有的属性外，材料的拼接方式会对景观挡土墙的外饰面纹理产生很大的影响。对于景观挡土墙的外饰面纹理来说，当选择的材料相同时，使用不同的拼接方式依然会产生不同的效果，例如常见的“人”字、“十”字、“工”字等拼贴方式营造的尺度感是不同的，带给人热情、急促或是舒缓、放松的心境状态也因人而异。

（3）不同观赏视距的质感表达

在不同的观赏视距下，景观会产生不同的观赏效果。而游客去欣赏景观时，决定最佳欣赏距离要素有三点：人的自身尺度；景观的尺度；景观所处环境的空间尺度。因此，游客在将挡土墙作为景观目标去欣赏时，需要根据材料质感的不同来决定观赏的视距，如在远处观看铜材和不锈钢形象造型会产生模糊感，更适合近距离观看；以石为材质的形象造型则不适合远距离观看，适合近距离欣赏。游客的五感对于质感的认知是很重要的判决依据，在园林游览过程中，游客对材料的感觉不是一成不变的。游客在远距离下单一性地依靠视觉对挡土墙的质感进行感知，由于视力的限制和剩余四感（听觉、嗅觉、味觉、触觉）的缺失，因此材料本身的质地是经过大脑分析重组之后的图像，是不完整的模糊判断，可以感受朦胧美与求而不得的魅力。在近距离状态下，游客可以清楚地看到材料的具体纹路，伸手触摸，听风划过，闲情逸致地品嗅，感受材料的质地，这种细致的体验也能帮助游客体会设计者的艺术表达，确定墙体的适宜质感，产生共情，这种体验是全方位的。对于游客来说，风景园林挡土墙应结合具体的空间尺度和饰面材料，以建造最具舒适感的空间是十分必要的。

3.5.2 色彩表达

色彩是园林中不可或缺的因素，对于景观挡土墙来说亦是如此，正如英国著名心理学家格列高利所说："颜色知觉对于我们人类具有极其重要的意义——它是视觉审美的核心，深刻地影响我们的情绪状态。"工程设计中十分优秀的挡土墙，通过合适的色彩搭配，会使整个挡土墙景观效果明显上升。整体性原则是在设计挡土墙的色彩时首要遵循的原则，挡土墙需要和周围的景观环境和谐统一，避免孤立存在的现象发生，做到与环境相映衬，同为一个整体。

挡土墙的色彩设计有以下几个特点。

第一，挡土墙的色彩应优先考虑所处空间环境的功能特点、周围环境的整体色调，着重注意某些环境对色彩的禁忌和心理，如墓园中避免红色和橙色这类鲜艳的色彩出现，同时色彩设计会受到材料的制作、工艺的制作要求等各种限制。植物生态的设计手法会受到花草自身色彩种类的限制，对于陶制的釉色要考虑窑变，对于马赛克要考虑色料的种类，对于铜材要考虑材质本身的颜色等。因此，对于挡土墙的色彩设计首先要考虑环境空间特点与材料自身的特点。

第二，艺术家需要了解人们在生活中长期积淀下来的视觉经验感受，即色彩构成设计中的通感效应，如白色会带给人们明快、洁净、纯真、神圣的感觉；橙色会带给人们热烈、华丽、阳光、温暖的体验；相反，蓝色给予的是和谐、稳定、凉爽和沉着的情绪；黑色带给人们更多的是严肃、力量、幽深或是神秘的感觉。这种色彩构成设计方法是设计的基础理论，挡土墙的色彩设计亦要遵循，通过色彩引发人的联想，放大游客的知觉感应，明确园林景观的主题思想，产生共性。

第三，挡土墙的色彩设计更追求装饰的趣味性，追求的是一种平面的装饰色彩组合效果。有别于传统的绘画，原因是与挡土墙的整体构图、造型元素密不可分的。

第四，挡土墙的色彩主观性强，其色彩运用，是艺术家的主观意识的体现，综合运用惯性认知与文化探索表达所追求的艺术效果，将主题韵律与传统文化应用在挡土墙的色彩设计中。

第五，挡土墙可以使用综合材料建造，体现材质的美感，这是不同于其他平面艺术的地方，也可以利用自身的颜色特点对挡土墙进行点缀创作。不同的材料具有不同的固有特征，如色泽、质感等。艺术家在实际的创作过程中，可以利用各种材料自身的颜色特点来进行挡土墙的创作设计，达到预期的艺术效果的同时，将材料自然地融入挡土墙的景观设计中，这也是其他任何绘画手段所不能替代的。

因此，在挡土墙的设计中，挡土墙的颜色可以通过选择不同的材料，加入艺术性的装饰，从而营造不同的氛围，充分表达景观中的主题，最终产生不同的园林艺术美学特性和景观意义。

3.5.3 艺术形式表达

墙体高于正常人视线时，容易给人闭塞、压抑的感觉，游客可能会无意识地远离。当在挡土墙墙面上进行一定的图文装饰时，带给人的感觉是不同的，可形成具有可读性的文化墙。可以利用不同石材的不同纹理、颜色拼成图案；也可以通过墙面彩绘、挂图表现主题，彰显本地历史文化特色。采用艺术装饰的手法在墙面上进行表达，则会形成具有一定内涵的文化景墙。

（1）书法绘画表现

挡土墙墙面书法能够展示一定的文化精神，赋予挡土墙文化内涵。中国书法是中国汉字特有的一种传统艺术，汉字书法在园林中的应用历史久远，中国古典园林讲究诗画的情趣，意境的蕴含，将诗词歌赋在挡土墙上绘制，既可以表达出某种高远的境界，也可以点出园林中的主景和主题。

（2）绘画表现

这类挡土墙也称为室外彩绘墙，根据绘画的表现方法可以分为实物画和抽象画。实物画通过图案内容展示较为具象的、浅显易懂的知识，多建立在儿童娱乐空间，彩绘的内容多种多样，主张运用有张力的颜料搭配培养儿童的想象力，彩绘的内容多样，如动物、体育、寓言故事等提升儿童的认知兴趣，赋予挡土墙科普教育意义。抽象画主要展现艺术图案，主张情绪上的共鸣，具有流畅的线条、丰富的色彩以及很深刻的文化艺术含义。需要着重注意，这类挡土墙的材料容易因长期的自然风化与日照而褪色，为保证长期的观赏效果，后期的管理部门需要对防水和防晒加大力度，切不能为了吸引眼球而使绘画突兀，应保证色彩的搭配，与周围环境相协调统一。

（3）浮雕表现

浮雕被应用于景观挡土墙的墙面上，不仅材料、内容和形式丰富，而且所占空间较小，适用性强，在美化城市环境中占有十分重要的地位。通过墙面浮雕展示当地历史故事、传统文化等，一方面增加园林空间的丰富程度，另一方面增强当地的凝聚力和文化自信，是挡土墙的墙面装饰中最有视觉冲击力、最具文化内涵的表现方式之一。

（4）贴面图案表现

在挡土墙的墙面上，在保证整体性原则的前提下，将质感或是色彩不同的材料（如卵石、玻璃、贝壳等），组合成各式的图案，通过水泥、石材胶、建筑胶等连接胶黏附在墙面上，形成依靠材料的天然物理特性拼贴出凹凸有致的墙面文字、几何图画等内容。使用原始材料虽然缺失了部分细腻感，但天然材料简单耐用，而且放大了手工艺术品的特点，使游客倍感亲切与放松，这样的图案画面更具有手工艺术作品的特点。

第4章 风景园林挡土墙与其他园林景观要素结合

可以根据主体功能以及自身所处的环境，与园林中不同的景观要素相结合，创造出功能多样、景观多样的风景园林挡土墙。

4.1 风景园林挡土墙与地形结合

在景观中，地形直接联系着众多的环境因素和环境外貌，其具有十分重要的现实意义。与此同时，地形也能影响景观微环境中的美学特征，对空间的构成有一定的影响作用。可以通过地形组织园林空间，在规则式园林中表现为不同标高的层次，在自然式园林中传达韵律与节奏。风景园林挡土墙往往在地势多变的区域出现，而以挡土墙为主要景观要素与地形相结合，能营造出极具吸引力的花园空间。因此，在园林设计中景观元素的设计在某种程度上都依赖着地形，在地形变化丰富的地方，为使周围景观更加协调而进行一定程度的修改。主要与山地、坡地、台地这三类地形结合进行景观化处理，创造出各具特色的景观。

由于山地地形坡度较大，在进行高差处理时，势必会出现挡土墙，此时挡土墙就成为分割上下两个空间的交叉点。挡土墙的体量一般较大，而且由于山地的形状不固定，因此挡土墙在与之结合时需要放置景观石或在饰面上修筑一些外观浑厚自然、色泽与现有山体岩石一致的石材，再通过植物素材的合理种植，在视觉效果上可以弱化山地的凌厉感；同时，水景的融入可以很好地使整个景观灵动起来，通过将一定高度的挡土墙经过分级设置，使人感受到韵律感和节奏感，使之成为景观的一部分，可以恰如其分地融合到整个山地环境中。而当山地地形在游览路线上时，需要在挡土墙的竖向空间上修筑阶梯，同时搭配藤类植物的垂直绿化，可以在空间上削弱单面挡土墙的体量感和突兀感，获得充满生命力的空间，促进土地资源的利用。

坡地是挡土墙存在的地形中坡度最缓、地形起伏及变化程度最小的地形。挡土墙的应用可以解决地表径流问题，减少水土流失，从而达到涵养水土的目的。而且坡地是在园林中常见的地形，挡土墙与之结合时不仅要考虑基本的固土护坡的功能，而且赋予其新的功能。为美化景观环境，应对低矮的挡土墙进行花坛摆放以及置石处理，而石缝间可供植物生长，植物的根系盘绕抱石而生，低矮的挡土墙也可以与休息坐凳相结合造景，增加亲和力，凸显观赏性的同时对墙体进一步加固。

台地是由平原向丘陵、低山过渡的一种地貌形态。相比于山地，台地地形变化及地貌复杂程度上更弱一些，地形高差也不如山地。在处理高差且放坡较为困难时，可以将单级挡土墙进行景观化处理，划分为多级，形成层层后退、抬高的地形。台地与挡土墙的结合主要是为花草植物提供新的生长环境，提升绿地率，渲染色彩，拓展大量绿化空间，扩大游客的游玩范围，减少挡土墙的闭塞压抑，重现空间光彩，提高整个空间的观赏性与游憩性，同时合理地避免了过于陡峭的坡坎给行人带来不舒服的感觉。

4.2 风景园林挡土墙与园林水景结合

“无水不成园”，水体是中国园林景观中重要的组成部分，占据着重要的造园地位。在风景园林建设中，以挡土墙为载体结合现代造景手法，将挡土墙与水景有效融合，营造各式的水景，使园林景观更具现代化效果。动静结合是在园林景观中常用的造园手法，以石砌而成的挡土墙是刚性的代表，而轻柔流动的水泉具有典型的柔性特点，通过现代的理水手法和对挡土墙的改建，做到刚柔并济、动静相形，结合水景将挡土墙营造出活泼生动的景观效果。

根据园林造景中水景的状态，可将水体分为静水和流水两大类。

（1）结合静水造景

在挡土墙墙趾位置挖蓄水池，补充静态水，呈现平静的水面，使游客在挡土墙前的场地观赏景物。静水呈现挡土墙的倒影，客观反映周围景物，能够给予人宁静安详的体验。

（2）结合流水造景

挡土墙结合动态水景：一方面可以充分利用挡土墙所产生的高差，使整个空间具有动感和活力；另一方面刚性的挡土墙通过动态水体得以柔化，为园林增添了另一种感官享受。

园林中的流水主要有溪流、水幕、叠水、管流和喷水。

① 溪流：在坡度不大的微地形处，一般的处理方法是做草坪或种植花草植物，若砌筑挡土墙，便可将水元素引入，将墙体顺坡向延伸，可以随形就势，在墙脚营造自然溪流或人工水渠，水流顺势而下，利用流动的水体打破挡土墙的单一感，水声的加入增添了整体空间的观赏性，形成与流水结合的挡土墙景观，让整体空间包括挡土墙变得活泼起来。

② 水幕：水幕景观一般出现在上下高差较大的地方，在挡土墙处，将水源通过水管

引入挡土墙顶部蓄水槽内，设置并调整好落水口，水体通过水沿垂直落下来，直接落入墙下的水池中，形成水幕帘或瀑布景观挡土墙，若将墙面设计出不同的纹理，也会形成良好的水幕效果。

③ 叠水：阶梯式挡土墙与流水结合，也会产生别样的叠水景观，流水由高处顺着挡土墙的台阶层层下落，会产生流水声与优美的弧线，形成叠水，引起游客的兴趣。在中国传统园林中常见的有三叠泉、五叠泉的形式。

④ 管流：当挡土墙的高处已经布置好景观，或部分环境不方便暴露水景时，可以在挡土墙墙面或墙顶制作管状孔以引出水流，这种通过管槽流出水的方式称为管流。这种原本应用于管网系统的出水管，在设计者的构思下成为效果出众的景观。这种水景挡土墙一般以陶瓷管、塑料管、钢管等材料为主，引流结构要注意“露”与“隐”，避免突兀的暴露而影响水景挡土墙的效果。

目前这种结合园林水景造景方式在国内的园林中应用广泛：一方面通过水流声吸引游客的注意力，驱使游客的体验与靠近；另一方面，以自然之声衬托环境的安静，仿佛脱离了城市的喧嚣，使游客的心情温暖、放松，享受自然。

4.3 风景园林挡土墙与园林小品结合

园林小品是园林中供休息、装饰、照明、展示和为园林管理及方便游人使用的小型建筑设施，具有精美、灵巧和多样化的特点，风景园林挡土墙可以根据自身所处的空间需要，与园林小品结合，创造出集使用功能与艺术于一体的形式。

（1）结合坐凳

坐凳为园林中重要的小品设施之一，在园林环境中被用作休憩歇坐和赏景畅谈。坐凳的主要功能有两方面：一方面供游人就座休息，欣赏周围景物；另一方面作为园林装饰小品。坐凳可借其优美精巧的造型，点缀园林环境，成为园林景物之一。园林中比较低矮的挡土墙，可以结合坐凳，形成防护与休憩功能兼具的景观元素。

挡土墙与坐凳的结合一般有两种形式：一种是路边的绿地边坡、花坛利用自身形式多样的特征，与小型的挡土墙结合形成供人休息停留的线性空间；另一种是将挡土墙设置成跌落式看台，形成室外有层次的视觉体验的观演空间，或是集会的活动场所。可以更好地吸引游人，分散人们对墙面的注意力，产生和谐的亲切感，形成防护与休憩功能兼具的景观元素。

（2）结合景墙

景墙是园林小品的类型之一，具有灵活性的特点，是中国传统园林中常见的空间营造手段。挡土墙可以作为景墙的一种形式，经过艺术性的装饰加工（如彩绘、浮雕、拼贴等方法），达到很高的美观性，起到装饰作用。可以使园林的立面景观更加丰富多彩，同时美化环境，提高艺术文化品位，表达地域文化。挡土墙一般是支撑结构与土壤结合的实墙，不具备透空等一般景墙的设计手法。

（3）结合廊架

廊架作为园林中的一种景观小品，可以为游客提供纳凉场所，还能增加环境绿量。廊架的形式具有灵活多变的特点，挡土墙既可以作为花架一边的支撑结构，视对开敞程度的需求灵活调整挡土墙的高度并与花架结合，形成挡墙式的花架休息交流空间；也可以与拱廊结合，如意大利台地园中的拱廊形式挡土墙，与周围环境相融合形成半封闭式的台地空间。

（4）结合照明小品

灯光照明设施是园林中具有照明功能的小品，可以通过光影更迭营造空间中的韵律，同时可以为园林夜景效果突出重点区域，吸引游客的注意力，引导游客的游览路线，其本身的观赏性可以成为园林绿地中饰景的一部分。在与挡土墙结合造景时：一方面注意它的造型色彩、质感、外观能与挡土墙相协调，夜晚照明艺术性的几何灯光形成景观，其中园林灯具的灯柱、灯头等都有很强的装饰作用；另一方面可以在夜晚警示游客，暗示整个园林空间，为游客提前判断游览路线。

4.4 风景园林挡土墙与假山置石结合

风景园林挡土墙与假山置石结合在自然式园林中是常见的处理方式，在保证挡土墙的基础功能的前提下，不仅需要在挡土墙的墙趾、墙面或是墙顶位置堆砌或安置假山石，更需要考虑游客视线的引导，进行精巧的设计与建造。弱化挡土墙的“墙”这一生硬的概念，美化挡土墙的景观效果，使之与自然环境融合。不同高度的挡土墙，与假山置石结合具有不同的意义，对于高大的挡土墙而言，堆砌的假山可以减少游客对于高大立面的畏惧心态，同时增加立面上的景观效果；对于低矮的挡土墙而言，置石的目的在于环境的融洽，减少挡土墙高低过渡的生硬感，且游客普遍会对置石抱有观赏心态，进而减少了游客对挡土墙的关注视线。

结合假山置石的景观挡土墙既可以满足工程上的挡土需求，又可以更好地融入环境中。需要注意的是，在土壤地质情况复杂的环境下，为了更好地利用自然环境条件，应充分调查环境特点和空间特色，营造出适合的假山景观和置石景观，适宜地通过石刻点景，突出空间主题，提升空间品位和意境。

4.5 风景园林挡土墙与园林雕塑小品结合

雕塑小品在园林中可以作为行进道路两侧的点缀，也可以作为环境中的主景，具有强烈的艺术感召力，而且是中外园林中十分常见的景观元素，把雕塑与挡土墙相结合的造景形式，使得双方的景观效果相得益彰，成为该区域的点睛之笔。

现代园林中雕塑小品对园林中挡土墙景观的营造也有明显效果。针对不同的空间环境，配置不同种类的园林雕塑小品以装饰挡土墙，当挡土墙的高度较低时，可以选择具有一定历史文化的人物雕塑放置在挡土墙上，一方面灵活处理了低矮高差带来的不便，另一方面可以更加突出英雄的高大形象，提高整体空间的活跃力量。相对而言，对于比较高大的挡土墙，可以选择在墙趾处放置具有当地文化特色的雕塑小品，或是静态动作的雕塑，如位于海滨旁的一些公园或者园林绿地，由于与海岸边的山体交界处高差变化大，因此修筑山体式挡土墙时采用混凝土结合卵石的方式，并利用航海工具雕塑和各类海洋生物小雕塑展示公园海洋文化特色。这种挡土墙可以吸引游客注意力，展示出当地的地域特色。

4.6 风景园林挡土墙与植物造景结合

风景园林挡土墙与植物造景结合，可以弱化挡土墙的生硬感，主要是突出立面上的变化，丰富景观层次，提高绿化面积，改善挡土墙的立面景观效果，同时可以利用园林植物发达的根系进行固土护坡，增加生态效能。

结合植物造景的挡土墙早已在历史的长河中显现，《园治》云：“围墙隐约萝间，架屋蜿蜒于木末。”明朝时期就已明确地记载，园林中已经出现将挡土墙与攀缘植物结合的情况，从而形成更好的景观。植物与挡土墙相结合的造园形式成为中外古典园林常见的方式，发展到现代的各类景观挡土墙中，成为十分优秀的处理景观挡土墙的方式之一。植物造景可以按照自然绿化和剪形绿化的方式分类，参照挡土墙的尺度和外观选择植物绿化形式表现挡土墙的景观。园林中挡土墙结合植物绿化的方式，穿插存在于各类景观挡土墙的表现形式中，其他类型的工程挡土墙表现形式也是因植物造景的衬托打破突兀与生硬感，凸显生机，如若缺少植物的陪衬，景观效果将不复存在。挡土墙作为园林空间中的竖向构筑物，在空间中通过分割与围合而产生多个界面，为装饰图案与增添绿量提供了多个位置和不同选择，使得挡土墙在立面上更具层次感。植物因自身鲜活的生命力，成为园林中的灵魂，在设计时需要根据挡土墙的具体情况，选择合适的植物种类，将两者有机地结合，有效增加竖向空间的绿化。

园林中挡土墙的植物绿化根据绿化位置的不同，将其分为墙顶绿化、墙趾绿化和墙面垂直绿化。因种植的位置不同，在植物选择和配置方法上都存在着一定的差异性，也因此各具特色。在实际应用中，多种方位、多种方式地综合搭配绿化位置和种植方式，最终形成挡土墙植物景观效果。

（1）墙顶绿化

墙顶绿化使得植物种植点抬高，拉近了植物与人的距离。挡土墙墙顶与绿地相接可以直接进行绿化，对于墙顶与场地相接，可以在交界处开辟种植槽，然后组织绿化。除大型乔木和灌木外，植物具有多种多样的选择性，根据植物的形态分为直立型小乔灌木、垂枝型植物和草本花卉。对于墙顶绿化，应选择垂枝型植物，如迎春、连翘等。对于较高的挡土墙而言，这些植物的枝条柔软下垂，自然地与挡土墙结合，可以柔化挡土墙的线条感；而相比之下较矮的挡土墙，尤其是在花园中的一些由自然石材干砌而成的挡土墙，可以选择具有自然野趣的草本花卉吸引游客的视线，营造挡土墙掩映在花草丛中的朦胧感，也可以遮挡部分景观效果欠佳的挡土墙。

应特别注意低矮地被植物的应用，该类植物的裸土可能会降低景观效果，尤其是当挡土墙的墙顶与人的水平视线的高度相同时，游客的视线集中在墙顶的土地上，需要艺术家留意植物的层次，避免裸土直接出现在视野中的情况发生，根据挡土墙的地质条件和墙体机构，合理地进行植物层次搭配。

（2）墙趾绿化

墙趾绿化是园林中最为普遍的绿化方式，与墙顶绿化不同的是，无论选择哪种类型的植物，底部绿化都会对墙身产生一定的遮挡，艺术家在选择植物种类和种植方式时，需要从两点出发。其一是要权衡植物与挡土墙的比重，是以展示植物的美化功能为主，或是以遮挡掩饰挡土墙为主，此时考虑生长范围的局限性。花卉要选择适应性较强、观赏性高的种类和品种，可以选择株型较小的低矮灌木或花卉，如小叶黄杨、小叶女贞、紫叶小檗或大叶黄杨等。其二是根据不同类型的挡土墙来选择植物，小乔木、灌木、草本花卉或是观赏草这类充满野趣的植物适用于自然式挡土墙，而当挡土墙具有明显的几何式形状时，需要对花卉植物进行修剪成形，与挡土墙统一节奏和韵律感，尤其是在分级处理的挡土墙绿化中更为常用。植物的选择需要考虑生长范围的局限性，选择如小叶黄杨、小叶女贞、紫叶小檗、大叶黄杨和地被花卉等这类适应能力较强的低矮灌木或花卉，提高整体的景观观赏效果，使整体环境协调融洽。

（3）墙面垂直绿化

挡土墙墙面的绿化是垂直绿化的形式之一。挡土墙的墙面绿化根据植物种植点的不同大致可以分为两类。一类是依附在挡土墙上的攀缘类植物，可选用的植物种类丰富，多为具有一定吸附器官或缠绕功能的藤本类植物。抛开地域因素的影响，主要有紫藤、扶芳藤、藤本月季、牵牛花、葡萄、五味子、地锦、爬山虎、迎春等，是非常常见且实用的垂直绿化方式。

另外一类则是在墙面设计种植槽、种植孔或墙缝等附属结构，直接在墙面上种植园林绿化植物进行垂直绿化的方法。可用于这种类型墙面绿化的观赏性乔灌木较少，既需要计算核实挡土墙受力情况，又会受种植槽、种植孔和墙缝等墙面种植载体的水分、土壤以及生长空间等自然因素的影响限制，多选用观赏性与生命力旺盛的植物，如莺尾、灯芯草、三色堇、虞美人等一年生或多年生的草本花卉，或是像蓝羊茅这类的观赏草类植物，即使在后期管理较弱的条件下仍然具有一定的观赏价值。

4.7 风景园林挡土墙与景墙结合

风景园林挡土墙也可以通过设计兼具景墙的功能。由于挡土墙本身的基本属性所致，因此不能运用镂空、凿空等设计手法。

加强对挡土墙立面墙体的设计，做好墙体表面的装饰，主要利用彩绘、浮雕和拼贴这三种方法，丰富园林景墙的立面景观，产生优美的景观效果。

（1）彩绘挡土墙

在挡土墙的表面绘制装饰艺术画，采用专门的耐久彩绘颜料，从局部到整体绘制各种图案，能提高景观的装饰美化度。彩绘图案的题材丰富，可以是儿童喜爱的卡通形象，也可以是倡导运动的体育图案，甚至是神话传说、传统习俗，不仅能体现地方特色文化，而且能记录地方传说。由于本身彩绘材质的特点，需要着重注意与养护管理部门的协调沟通。

（2）浮雕挡土墙

浮雕是将对象压缩、加强透视的技巧方式，把雕塑和绘画两者相结合，展示三维立体的装饰方式，且只有一面景观可看，多用于园林中挡土墙的建筑立面上。由于浮雕压缩的特性，所占空间很小，因此可用于多种尺度环境的装饰。近年来，它对城市环境的美化做出越来越重要的贡献。

浮雕挡土墙因其浮雕的美化艺术对装饰对象加工成型，可将预先制作的景观或图案造型和挡土墙立面的预埋件相结合，让其与挡土墙融合为一体，用于园林景观中的挡墙、景墙美化。另外，现代设计创造的透雕是十分优秀的设计手法，通过改变装饰图案的肌理效果，展现光线阴影的变化，也是景观效果的一部分，给人以视觉冲击。

（3）拼贴挡土墙

拼贴挡土墙是对照设计好的造型图案，使用颜色不同的各式材料（如琉璃、马赛克），后期通过手工技艺制作完成。鉴于琉璃、马赛克的单个贴面材料面积很小，所以有色彩斑斓的组合方式，可以实现各种造型和设计不重复，而且能展示得淋漓尽致，展现拼贴风所特有的艺术张力和美学价值。

第 5 章

风景园林挡土墙的分类与主要施工方法

5.1 风景园林挡土墙的分类

根据结构形式不同可分为：重力式挡土墙、薄壁式挡土墙、锚定式挡土墙、加筋挡土墙等。

① 重力式挡土墙：是借助墙体自身重力以抵抗土体的侧压力，保证土压的稳定，是园林工程中应用最广的一类挡土墙。一般重力式挡土墙的垂直高度为 5 ～ 6m，并且大部分使用梯形的截面，一般情况下结构简单，取材容易，施工便捷。超高重力式挡土墙的垂直高度为 6 ～ 12m，分为半重力式和衡重力式等形式。

② 薄壁式挡土墙：目前有悬臂式和扶壁式两种。高度在 6m 之内通常运用悬臂式，高度在 6m 以上则运用扶壁式。

a. 悬臂式挡土墙：主要由立板（墙面板）和底板（墙趾板和墙踵板）组成。

b. 扶壁式挡土墙：当挡土墙的高度大于 10m 时，为增加悬臂的抗弯刚度，每隔 0.8 ～ 1.0m 沿墙长纵向增设一道扶壁。

③ 锚定式挡土墙：分为锚杆式和锚定板式两种。

a. 锚杆式挡土墙：由预制钢筋混凝土立柱及挡土板构成墙体，结合钢锚杆共同构成。其锚杆的一头和立柱连接，另一头锚固在基本牢固的岩层或土层中。

b. 锚定板式挡土墙：由钢筋混凝土墙体、钢拉杆、锚定板和其内填土构成，是组合式挡土结构。

④ 加筋挡土墙：也称加筋土挡土墙，由填土、面板、拉筋构成，在土中加入拉筋，利用拉筋与土体之间的摩擦力，提升土体的工程特性和变形条件，以维持墙体的稳定性。

根据挡土墙的位置分类如下。

① 路堑挡土墙：设置在路堑边坡底部，以支撑挖掘时无法自行稳定的山坡，可减少工程的挖方量，降低挖方边坡的高度。

② 路肩挡土墙：通常设在园路路肩处，墙顶在园路路肩上方，和路堤墙的作用一致，并且能保护路线上的建筑。

③ 路堤挡土墙：用于填高土路堤或陡坡路堤的下面，用来加强园路边坡和基底的稳定性，还能控制园路路堤坡脚的宽度，从而减少填方用量，降低拆迁用地的面积。

④ 山坡挡土墙：一般建造在路堤上面，可以提高山体的稳定性，增加土方覆盖层，避免破碎岩石以及山体滑坡的发生。

⑤ 浸水挡土墙：一般沿河岸建造路堤，往临水路边建造挡土墙，用来减少水体对路基的冲刷和侵蚀，同时是缩小水体的有效方法。

风景园林挡土墙按照墙体的主要材料不同可以划分为石砌挡土墙、砖砌挡土墙、金属挡土墙、木材挡土墙、混凝土预制挡土墙、混凝土砌块挡土墙、塑石挡土墙等类型。风景园林挡土墙应用比较广泛的还是以主要材料进行分类。

5.2 风景园林挡土墙的基本施工方法及注意问题

5.2.1 风景园林挡土墙基础结构

（1）基础类型

大多数风景园林挡土墙都直接修筑在绿地上。当地基承载力不足，墙身超过一定高度且所处地形较为平缓时，为减小基底压应力和增加抗倾覆稳定性，通常扩大挡土墙基础。当地基压力过于超出地基承载力时，为避免加宽过多而导致台阶过高，可加入钢筋混凝土底板。如果地基是软弱土层，应采用大块砂砾、建筑碎石、矿渣炉渣等材料换填。当挡土墙修筑在陡坡上，地基坚固，对基础不会产生侧向压力时，可建造台阶基础，以降低基层开挖强度，便于节省工期。若地基有短段缺口（如深沟等）情况或基础建设困难，可引入拱形基础。

（2）基础埋置深度

对于园林绿地土质地基，基础埋深和强度必须符合以下条件。

① 无冲刷时，应在绿地以下至少 1m。

② 若出现冲刷，一般在绿地冲刷线以下不得小于 1m。

③ 在寒冷地区，应在当地冻结线以下 0.25m 并且不少于 1m 埋深；当冻深超过 1m 时，埋深应为 1.25m，且需夯实厚度一定的碎石作为地基垫层，地基垫层底面需设置于冻结线下至少 0.25m。碎石、砾石、矿渣和砂类地基，一般没有冻胀影响，但地基埋深应大于 1m。

对于石质地基，要去除表面风化层，将基底嵌入一定深度的岩层，如风化层较厚难以清除干净，则需根据风化程度和岩石承载力将基底埋入风化层中。基础一般采用明挖，如果基底的纵向斜坡坡度高出5%，基底须按照台阶形式进行处理，其最下一级台阶底宽不宜小于1m。

5.2.2　风景园林挡土墙排水设施

风景园林挡土墙排水措施通常由地面排水和墙身排水两部分组成。

（1）地面排水

主要是防止地表水渗入墙后的土体或者地基，有以下几种方法：①建造挡土墙地面排水沟，须引流地表水；②加固工程土的顶面与地表回填土，降低雨水和地表径流的下渗，应严格设隔水层；③对于路堑挡土墙墙趾，一般要对排水沟做铺砌加固的工程处理，以减少雨水渗入基础层。

（2）墙身排水

对于浆砌块（片）石的墙身，应在挡土墙出地面后设置泄（排）水孔。挡土墙高时，可在其上方加设泄（排）水孔，泄（排）水孔依据排水量分为5cm×10cm、10cm×10cm、15cm×20cm等几种方形形式，也有直径5～10cm的排水圆孔。孔眼间距通常为2～3m；浸水挡土墙孔眼间距通常为1.0～1.5m，如位于干旱地区，孔眼间距宜视情况加大，孔眼高低交错布置，墙体基部泄（排）水孔的出口应高出墙前垂直地面水位0.3m。

为防止地下水渗入地基，泄（排）水管进入的底部应铺设30cm厚的黏土隔水层，泄（排）水管的进水口部分应设置粗粒料反滤层，避免泄（排）水管管道堵塞，当墙背的回填土透水性不良或可能发生冻胀时，应在最低一层泄（排）水孔至墙顶以下0.5m的范围内铺设厚度不小于0.3m的砂卵石。

5.2.3　风景园林挡土墙沉降缝和伸缩缝

整体式墙面的风景园林挡土墙应设置伸缩缝和沉降缝，沿墙长度方向在墙身断面变化处、与其他构造物相接处应设置伸缩缝，在地形、地基变化处应设置沉降缝。通常将沉降缝和伸缩缝一起设置，沿挡土墙纵深方向每隔固定间距设置一处，间距依据挡土墙的结构形式而定：重力式挡土墙和衡重式挡土墙每隔10～15m设一道伸缩缝，悬臂式挡土墙每隔10～20m设一道伸缩缝，缝宽2～3cm，缝内通常用胶泥填塞，不过在渗水量大、填料不易充实或寒冷地区，则宜用沥青麻筋材料或用沥青涂过的木板等伸缩性良好的材料，填塞深度应大于150mm（冻土地区应不小于200mm）；当墙后路堤材质为石质时，可留出空缝。干砌挡土墙缝可使用平整石料砌筑其两侧，使其为垂直通缝。

第6章
各类型风景园林挡土墙施工工艺

6.1 石砌挡土墙

6.1.1 石材的主要类型

石材的种类丰富多样，因其质地不同，堆叠而成的挡土墙或者作为挡土墙的贴面，可以给予观赏者厚重或整齐划一的感觉。应当注意的是，石材是大自然的产物，过度开采会破坏自然生态环境。因此，如何正确合理把握石材挡土墙，让石材这种古老而又经典的材料折射出新的景观活力，值得探索与思考。

特点：石材具有天然的质地与纹理，种类丰富、容易加工，具有一定的强度且蕴藏量丰富，因而广泛应用于园林景观的构建中。石材在自然环境中具有较强的耐受性，同时容易与挡土墙所在的空间环境协调统一，因而成为砌筑挡土墙的优良材料。

6.1.1.1 加工类石材

石材是指从天然岩体中开采出来的，并经加工成块状或板状材料的总称。石材作为最为传统的挡土墙的砌筑材料，已经被广泛应用多年。它一般来自自然的岩体，经过人工挖掘而运用到景观环境中。石材作为挡土墙材料，通过加工和处理，可形成独特的色彩和质感。根据不同的艺术手法，可形成不同的肌理和图案。按照石材的材质特性和具体应用，一般分为以下两种：一种是通过砌筑石材表现，如毛石、块石等体积较大的石材类型；另一种是通过石材饰面来表现，包括花岗岩、板岩、文化石等类型。相比之下，前者更具有简洁粗犷、自然野趣之韵，后者更具有生动的细节和人工美化之味。

（1）石灰岩

石灰岩是以方解石为主要成分的碳酸盐岩，层状结构，质地紧密，岩性均匀，易于开采加工。石灰岩色彩丰富，有黑色、灰白色、红褐色、浅红色、黄褐色等颜色，混合使用时，可呈现粗犷的质感和自然的风格。石灰岩不溶于水，具有良好的导热性、磨光性和胶结性能。在园林中，常用于建筑外墙和挡土墙石材干挂，体现沉稳、温暖、自然的艺术效果。

（2）花岗岩

花岗岩种类丰富，可按照产地、色泽等进行分类，其表面处理形式多样，主要有抛光面、火烧面、机切面、菠萝面、斩斧面、荔枝面、拉丝面、蘑菇面、流水面等形式。其颜色丰富，质感独特，做工精细，有耐磨、耐压和耐腐蚀等特点，通常被运用到规整大方、富有现代化氛围的挡土墙景观场所当中。

（3）板岩

板岩又称片石，是一种类似层层叠加的石片，具有自然的美感，表面纹理较粗，硬度和耐磨度较好，通常无须进行任何加工处理，便可以自然的形态投入使用。由于深灰色板岩更具古朴自然的特点，因此更多地被运用于园林建设中。在设计过程中往往运用不同颜色的板岩结合多样的设计手法，以增加整体图案的美感。

6.1.1.2 天然类石材

（1）天然的景观石

天然的景观石也是园林挡土墙中常用的材料，存在于山体岩石之中，取材方便，耐磨性好，肌理粗犷，不易风化，长期暴露在空气中不会产生太大的影响，在风雨的洗礼下还会产生一定的岁月感和乡土气息。

（2）鹅卵石、河卵石、海卵石

卵石表面光滑细腻，光泽亮丽，形体浑厚，规格多样，可以拼贴出不同的图案与形状点缀在挡土墙表面；也可以与石笼组合，构成挡土墙墙体本身。

6.1.2 石砌挡土墙施工工艺

（1）施工准备

在石砌挡土墙砌筑之前，要做好相应的准备工作。首先，要确保挡土墙基坑中没有杂物，保持基坑槽底干净平整。其次，施工材料应满足以下要求：①对于块石，选择耐久性强、不易风化开裂的硬质石材，块石强度等级一般不小于 MU25，在易受水浸湿或者严寒地区，选用强度等级 MU30 以上的块石；②砂浆应满足设计要求，根据试验确定砂浆配置密度，水泥砂浆选用强度等级 ≤42.5 级的水泥，混合砂浆选用强度等级 ≤52.5 级的水泥；③砂应选用中砂或粗砂，砌筑块石时选用颗粒直径 ≤2.5mm 的粗砂，浆砌片石时选用颗粒直径 ≤5mm 的极粗砂；④选用最长边长和厚度大于 25cm、宽度小于厚度 2 倍的块石，打磨块石过于凸出的棱角，且凹面不超过 2cm；⑤做好排水措施，准备好施工测量设备，精准测量挡土墙的中心桩及基础标高。

（2）基础施工

在基坑开挖之前，应清理施工需要的场地，做好临时排水的准备，以便施工过程中将坑内积水及时排走。基坑开挖要满足尺寸的要求，底部平面尺寸应超过挡土墙基础边缘 50cm。对受水浸润的基底土，要进行清除，并选择透水性强、稳定性好的材料置换，夯实加固至设计标高处。基底应坐落在夯实的土基或者岩层上，且向内倾斜。若基底为土质，应直接整平夯实。若基底为石料，如岩石出现洞孔、缝隙，应使用水泥砂浆或砂质混凝土浇筑。如基底石材外露柔软夹层，应进行封面以作保护。

基础埋深的一般要求如下。

① 基础埋深不小于 1m。如有冻胀土，埋深不小于冻结深度以下 0.25m；当冻结深度超过 1m 时，埋深可采用 1.25m，并在基底下砌筑砂石垫层，垫层底面一般位于当地冻结线之下大于 0.25m。

② 对于受风化影响大的基础，埋深应不小于 1.5m（含换填砂石垫层的厚度）。

③ 当基底为岩石、砾石、大块碎石、中砂、粗砂时，埋深不受冻结程度影响。

基础施工需采用分层砌筑的方法，在基础砌筑第一层前，如基底为土质，可直接整平坐浆砌筑；如基底为岩石或混凝土基础，应先润湿，再坐浆砌筑土基。完成基础施工后，及时回填土壤，分层夯实，并设置 3% 外向斜坡排水。

（3）墙身施工

浆砌片石采用挤浆法和灌浆法，砌石顺序为：①砌筑角石，选用较为方正的石块，砌筑完成后将线挂到角石上；②砌筑面石，砌筑整齐严密；③砌筑腹石，腹石采用由远至近的倒向砌筑顺序，严禁抛石灌浆砌筑。石块布局紧密、砂浆饱满，上下层石块交错布置，避免竖向拼缝通缝。浆砌块石采用铺浆法和挤浆法，砌石顺序为：①在基础上铺砂石浆，以保证基础的松软性，确保基础与墙身紧密结合；②砌筑基础第一皮块石，石块大面朝下；③砌筑角石；④砌筑面石，对其缝隙进行砂浆浇筑填实；⑤砌筑腹石，采用挤浆法，先铺水泥浆，再放入块石。

砌筑过程中必须认真检查墙体尺寸，保证与设计相符合。石块应分段分层砌筑，分段长度一般不超过 15.0m，2 ～ 3 层砌块为一个工作层，相邻段的砌筑高差不宜超过 1.2m，砌体日砌筑高度不超过 1.2m。石块大面朝下，打磨过分尖锐部分，并将尺寸不一的块石搭配使用、错缝搭砌。分段施工时，切忌出现任何程度的风化现象，如基础风化需停止施工，保证基坑的稳定性。

墙体砌筑的伸缩缝和沉降缝可结合施工缝统一考虑设置，间距依据挡土墙的结构形式确定，应满足设计规范要求，缝隙宽度宜为 2 ～ 3cm，沿缝内墙的内侧、外侧、顶部三边按要求填充沥青麻筋、沥青木板等，填充深度按规范要求执行。

墙身砌筑完成后，应加强对浆砌砌体的养护，并依据设计要求对墙身表面进行勾缝，一般采用平缝、凸缝、凹缝；勾平缝时，应将灰缝嵌塞密实，完成面应与石面相平，并应把完成面压光；勾凸缝时，应先用砂浆将灰缝补平，待初凝后再抹第二层砂浆，压实后应将其捋成宽度为 40mm 的凸缝；勾凹缝时，应将灰缝嵌塞密实，完成面宜比石面深 10mm，并把完成面压平溜光。在墙顶部，一般采用大于等于 M7.5 级的水泥砂浆抹平，厚度不小于 20mm，防止雨水通过顶部下渗，维护墙身结构的安全性。

在墙体砌筑完成后，要对墙体强度进行检查，在砌体强度到达设计要求的 75% 时，方可在墙背后侧进行填料，填料的选择应本着就近选择的原则，宜选择抗剪强度高、透水性强、稳定性好的砂类土或砾石类土，如遇到黏性土做填料时，宜掺入适量的砂砾、碎石、小石块，增加填料的透水性。不得选膨胀土、淤泥质土、耕植土作为填料，也应避免选择夹杂土块或木块的冻结泥土、容易膨胀的材料作为填料。回填料的表层按照设计要求，回填种植土。

填料回填应分层进行，均匀铺设并逐层夯实，回填厚度和压实度需满足规范要求。回填过程中，应注意检查和关注挡土墙的变形和形变，避免施工完成的墙体受到回填工作的影响而产生较大的损坏，保证挡土墙的整体性和稳定性。在回填工作完成后及时清洗，打扫多余的杂物，防止对挡土墙施工的质量产生影响。

（4）墙体修缮

为确保挡土墙稳定，施工过程中的一个重要环节就是对存在裂缝的部位进行及时修缮。修缮过程中，施工人员要按照设计要求做好标高工作，根据规范要求预先设置排水孔，并做好反滤层，防止泥土堵塞，进水口和排水口要防止渗水。

6.2 石笼挡土墙

石笼是一种生态格网结构，近年来广泛应用于园林设计中，由于其生态结构与实用功能相协调，生态性与实用性有机结合，因此成为最常见的砌筑挡土墙材料之一。石笼由石头和重型长方形钢丝网箱组成，将石头放入钢丝网箱中即构成墙体，墙体坚固稳定，美观大方。

6.2.1 石笼挡土墙主要特点

石笼挡土墙是一种比较生态性的景观挡土墙形式，在园林造景需要自然过渡、土方等高线无法保证最低坡度使用要求及出现高差上的断层时，可采用石笼挡土墙解决，满足缓坡坡度改变后一定高度土压力要求。石笼挡土墙以钢丝网箱为主体，属柔韧性结构，能适用于各种土层。石笼框架与堆砌卵石结构协同工作，采用 20 ～ 30cm 的卵石均匀堆砌，利用钢筋及网片对其进行束缚，使堆砌墙体结构共同受力，既保持原有土体稳定性，起到挡土功能，同时达到遮挡土方断层结构，美化景观的目的。由上述可见，石笼挡土墙具有生态性、透水性及延长墙体寿命等优点。

（1）生态性

石笼挡土墙由天然石材构成，具有良好的生态性，在风格上与自然环境协调统一。在实际应用中，石笼内的石材并非取自从别处挖来的珍贵砂岩，而是选用建筑现场遗留下的碎石和边角料，具有节约资源和重复利用的环保特性，因而得到广泛应用。此外，石笼内石块间存在空隙，可搅拌草本种子和木本种子于种植土内进行填充，随着种子的发芽成长，植物与挡土墙紧密结合在一起，达到美化边坡和增加挡土墙强度的效果，同时恢复山体生态景观的自我修复能力，实现生态系统的平衡与稳定，这也是生态护坡的价值所在。除此之外，它还能作为小动物、微生物的栖息地，生动诠释了构建生态性挡土墙的理念。

（2）透水性

石笼挡土墙本身存在着一定的缝隙，因而具有透水性，通过水的渗透可以有效地帮助土壤沉淀，减少对地下水的破坏，促进生态修复。石笼挡土墙有较大的孔隙率（20% ～ 30%），故无须设置泄水孔，伸缩缝和沉降缝也可简单布设，墙体受到静水压力的作用较小，可适应基础的沉降，有助于提高挡土墙的稳定性，减少挡土墙后期的维护管理和修建费用。

（3）延长墙体使用寿命

石笼挡土墙作为生态型柔性构筑物，能耐受水流冲刷和风浪侵袭，常应用于地基承重能力较差的区域，抗静水压力作用小，能够适应基础的少量沉陷，能有效防止边坡出现冻胀融沉、变形损坏。与传统挡土墙相比，结构稳定性强，使用时间久，挡土墙的使用寿命得到了延长。石笼式挡土墙能够长久保持结构的完整性，随着时间的推移，有助于恢复区域内生态景观的自我修复能力和自我调节能力，进而达到生态系统的再平衡，实现景观效益、生态效益、经济效益的协调统一。总而言之，石笼挡土墙作为一种功能性景观构筑物，改善了植物、动物、微生物的栖息环境，满足了园林景观中实用、经济、美观的需求，是资源再利用的典范。

6.2.2 施工工艺

石笼挡土墙的构建工艺造价低廉、施工简单、生态环保，相对于传统的浆砌块石挡土墙，其稳定性更强，耐久性更好，其构建工艺主要是靠钢丝的规格和建构挡土墙的地质来决定的。

石笼挡土墙施工工艺流程见图 6.2-1。

根据设计图纸要求，采用全站仪（经纬仪）进行精准的测量、放线，定好桩位并用白灰撒出石笼开挖线，经过建设单位、设计

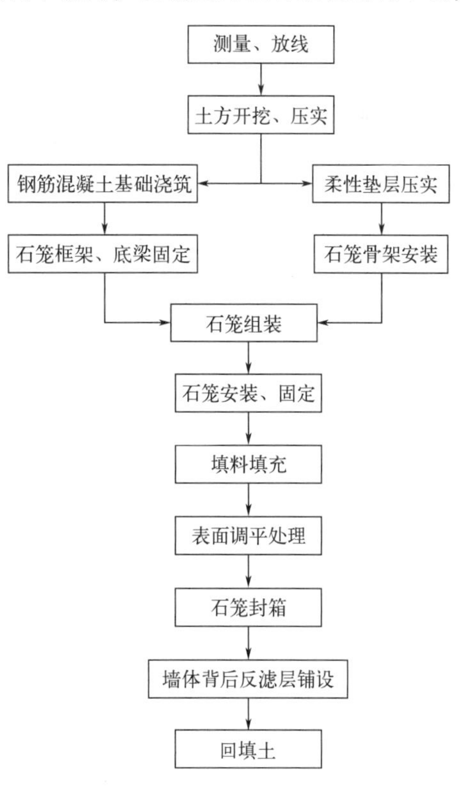

图6.2-1 石笼挡土墙施工工艺流程

单位、监理单位验收后，采用小型挖机按放好的线挖除废土，在石笼宽的两侧各加 1m 作为预留工作坑，基坑挖到直至控制标高处，由人工清理坑底的残土、渣土，采用小型机械夯实，压实系数不小于 0.95，并对坑底、坑壁进行清平，使坑底、坑壁平顺且相互垂直。如开挖到设计标高，基槽地基若未达到设计要求，或遇到地基不良的情况，可采用换填、基础加深等方式处理。

如石笼挡土墙为刚性基础时，一般在钢筋混凝土浇筑后的强度达到设计要求时，才能在其上进行后续作业。如需在钢筋混凝土基础里设置预埋件，应在混凝土浇筑前，按照设计要求放线、定位、固定预埋件，然后进行混凝土浇筑，当浇筑混凝土达到设计强度要求时，预埋件与新增钢结构、石笼整体框架紧密焊接，保证石笼框架的稳定性。如需将石笼框架埋入钢筋混凝土筏板中或钢筋混凝土独立基础时，应当将石笼框架按设计要求安放固定后，再进行钢筋笼绑扎、固定，最后进行钢筋混凝土浇筑，使混凝土与型钢紧密结合。

若石笼挡土墙采用柔性地基，一般在基槽清理完成后，按照设计要求铺设固定厚度的碎石、砾石、级配砂石，平整、压实，然后按照要求安装固定已组装好的石笼。

为保证石笼坚固稳定，避免各个石笼间的松动，需用同样粗细的绳线将石笼捆绑，将连接线打死结处理，并将石笼一次性固定在安装的最终位置；当护坡的高度过高时，应在石笼挡土墙中间设置两道加强钢筋，避免石笼受石头挤压变形鼓胀，保证石笼挡土墙墙面的平整度。石笼框架与卵石（块石）砌筑时要加穿透式加强筋，每 3 层一排，每排间距 50cm，型钢与结构混凝土共同受力，达到稳定挡土的目的。

石料装箱以机械作业和人工作业相结合的方式进行。首先，在现场甄选填料，剔除风化石和草木等易腐烂物，将合格的填料运送到固定的石笼前等待填充施工。在填料填充前，应依据石笼网箱的情况选择是否设置外置架子管、模板对石笼网箱进行固定，避免石笼网箱在填充过程中变形或者外胀。在准备措施完毕后，将满足要求的填料依据实际情况选用机械或人工分层填充石笼，每层装填高度不应超过 0.25m，用人工按照设计要求调整填充料的位置和方向，一般将粒径较大的填充料填在网箱外围，较小的填充料填在网箱中央；有棱角且平整一点的填充料能更好地适应边角位置，这样会使外形更加硬朗、平整，更小的或者品质不佳的石块可以用在中间，既节省成本又能保证石笼网箱的直线外形、可视面的美观性。每层装填完成后，人工用碎石填充石料间隙，保证填充料的整体稳定性，也确保网箱填充密实、不变形，石料空隙率控制在 15% ～ 25%。在石笼网箱装至顶部时，应用人工将顶面摊铺整平，完成面可高出网箱上口（2±1）cm（预留沉降量），经验收合格后封闭网箱盖，拆除石笼网箱外置加固设置后，可继续堆叠新的一层石笼网箱。层与层间的网箱应交错或呈“丁”字形叠加，上层网箱的框和网面需与下层网箱的框和网面绑扎一起，上下固结，使得整个墙体连成一体，避免出现“通缝”。

在每层网箱填充完成后，应在其背面铺设反滤层，常用无纺布。在铺设无纺布前应清理挡土墙墙背，去除杂物、尖锐物等。无纺布按照从下游至上游、从墙底至墙顶的顺序摊铺，搭接接缝垂直于坡度线，搭接接缝宽度不小于30cm。无纺布底端埋入最底层网箱箱底，长度不小于50cm，顶端超出墙顶，长度不小于30cm。在其固定后，开始进行分层回填土方并压（夯）实，每层回填高度不大于30cm，压实系数不小于0.92，土块粒径不得大于50mm，且不得将淤泥或淤泥质土、含有有机物的腐殖土、含有生活垃圾的土作为回填土使用。回填土的压实方式，根据现场的实际情况进行压实机具的选择，常见的压实机具有蛙夯、平板夯、冲击夯、压路机等，如采用压路机碾压回填土时，应先静压后再振动碾压，过程中应注意观测石笼网箱是否发生变形和位移。

6.2.3 材料与设备

石笼挡土墙的网笼按加工材料和工艺可分为编制钢丝网笼、电焊钢丝网笼、钢筋网笼等。

① 编制钢丝网笼：将热镀锌低碳钢丝或5%、10%锌铝合金钢丝、包塑镀锌钢丝，由机械绞合编织成多绞状的六角形网片，再用扎线或环形紧固线将网片连接形成网状。

② 电焊钢丝网笼：将几面焊接好的不锈钢丝网板或镀锌钢丝网板用螺旋丝绞合或环形钢丝扣连接。

这两种网箱设计高度不超过1m，长度不超过4m。当网箱高度超过1m时，网笼的内部纵向和横向应增加拉结钢丝，以增加网箱的整体性，减小网箱的变形量。编织钢丝网笼较软，在填充石块的过程中很容易变形，一般需要用钢筋、角钢、型钢、方钢等作为框架支撑，然后进行内部填充；如没有框架支撑，在施工时需要额外设置支撑架，在填充料填充完成后，再将外支撑架去除。

③ 钢筋网笼：以钢筋为原材料通过焊接、绑扎而成的网笼。因钢筋自身的强度和韧性，形成的网笼具有较强的刚性和自立性，在无外置框架的支撑下，亦可实现石笼的填充料填充。

石笼填充料常见的有：块石、片石、卵石或废弃的建筑垃圾水泥块等。具体选择时应注意以下几个方面：

① 质地坚硬、无风化、无裂纹、强度满足设计要求；

② 填充料的粒径大于石笼网箱网孔的孔径，且在设计要求范围内；

③ 避免选择带有尖角或棱角凸出的块体；

④ 筛选石头的色泽，保证石笼挡土墙的色泽满足景观效果要求。

6.3 砖砌挡土墙

6.3.1 砖砌挡土墙主要特点

砖是传统的园林建筑材料之一，可以运用到挡土墙结构的砌筑当中，也可用来作贴面。随着构建技术的发展，目前运用的砖体主要分水泥砖、青砖、红砖等几类，其显著特点是具有暖色调，可与其他冷色调、单调的材料如混凝土搭配使用，发挥固有色调的优势；它的质感十分出色，具有丰富的装饰效果，相比石材而言，具有较光滑、光亮的墙面，砖砌挡土墙的应用有助于将建筑的室内和室外环境相统一；砌筑模式标准化，具有固定的模式，可反复出现，但也因此其灵活性受到标准尺寸的限制；砖还具有成本低、隔声、吸潮、耐腐蚀、经久耐用等特点；同时，砖有较强的抗压性能以及较好的保温隔热性能。

砖砌块运用于挡土墙中，通常采用砂浆砌筑，通过不同的砌筑方式，结合勾缝的不同形式，创造出不同的纹理和质感，营造形式多样的砖体结构，如一丁一顺、一丁三顺、梅花丁、全顺砌法、全丁砌法、二平一顺等；不同色彩的砖也可搭配使用，形成墙面色彩的丰富变化，并与整个环境空间和整体景观相协调。

6.3.2 砖砌挡土墙施工工艺

砖砌挡土墙施工方便，质量管控容易，尺寸可控，是挡土墙的重要形式之一，应用广泛，单一砌筑的挡土墙的挡土高度受限，挡土墙高度在 1.2m 以内较为经济。

砖砌挡土墙施工工艺流程见图 6.3-1。

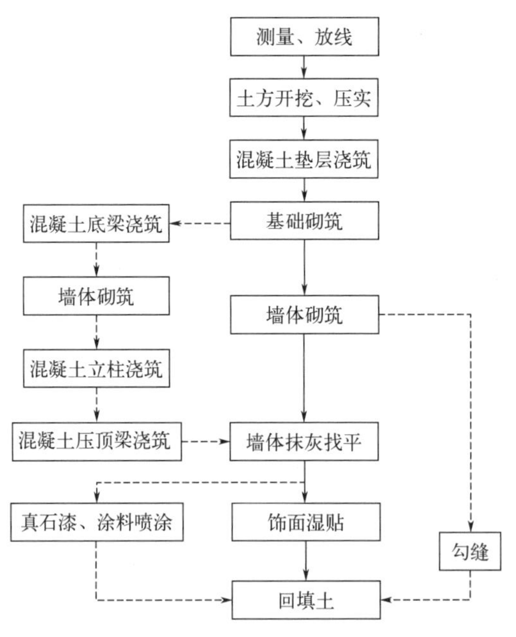

图6.3-1 砖砌挡土墙施工工艺流程

实线连接内容为常规施工工序，虚线连接内容为有可能出现的施工工序

（1）垫层施工

根据设计的放线图，采用经纬仪、全站仪、米尺进行精准测量放线，定桩、撒白灰线，在验线后，施工单位将按照挖土的底标高进行基槽开挖。在这个过程中，如采用机

械开挖，应预留一部分标高人工清理（预留标高为 20 ～ 30cm），严禁超挖；如出现超挖，应严格按照回填土的要求进行操作。基槽开挖时，应依据开挖土方的地质情况和开挖的深度综合考虑放坡，开挖后的土方应远离开挖基槽的边坡，防止挤压基槽边坡导致滑坡、塌陷的出现。在开挖完成后，应按照设计要求对基槽进行压实（夯实），达到设计参数要求后，应组织相关单位进行验槽，验槽的过程中，注意检查槽床是否存在积水、弹软、松散等情况，如出现此类情况，应及时采取相应措施，解决此类的问题，如未解决，不得进入下一步施工。如遇到地基承载力未达到设计要求的，可对基础进行加宽处理，或采用砂石垫层的加固措施，必要时将基础的材料改换为钢筋混凝土。

基槽开挖之后，按照设计要求，铺设拌和均匀的灰土或碎石，并进行夯实，应注意检查完成标高和平整度。其中，如果采用灰土，应注意以下事项：关注灰土的配合比是否满足设计要求，石灰粒径 ≤5mm，土颗粒粒径 ≤15mm，表面平整度 ≤10mm，标高偏差控制 ≤10mm。如采用碎石作为垫层，应注意以下事项：关注碎石级配的质量以及粒径大小是否符合标准的要求（最大石子粒径不得大于铺筑厚度的 2/3，且不宜大于 50mm），表面平整度 ≤15mm，标高偏差控制 ≤20mm。

在垫层施工完成后，支侧模板，标定好混凝土浇筑完成面的标高，然后进行混凝土浇筑施工，混凝土较厚时，采用平板振捣器进行振捣并抹平，防止蜂窝、空洞等情况出现，然后进行混凝土养生，如遇到北方温度低于 5℃时，应采取有效措施进行保暖养护。混凝土浇筑前要检测其配比、坍落度等，都满足要求后，方可进行混凝土浇筑施工。

（2）砖体砌筑

砖体砌筑工艺流程：混凝土地基弹线→灰浆拌和→盘角砌筑→挂线→墙体砌筑→钢筋绑扎→支模板→混凝土浇筑→拆除模板。其中，砂浆的拌和一般采用搅拌机按设计配比进行，拌和好的灰浆最好在 3h 内使用完，如遇到气温超过 30℃，最好在 2h 内使用完，若时间过长，砂浆会变硬，不能加水继续使用，隔夜砂浆严禁使用。

砖体砌块应在砌筑前 1 ～ 2d 浇水湿润，湿润程度依据砖体砌块自身材料确定，常温下施工，严禁使用干砖上墙砌筑；雨季施工，严禁使用含水率达饱和状态的砖砌墙；冬季时，应清除冰霜后进行砖砌墙施工，可以不浇水，但应加大砂浆稠度。

墙体开始砌筑前，应做好盘角砌筑，每次盘角不宜超过五皮，新盘大角应及时进行吊、靠检测，保证墙体垂直度和立面平整度，如有偏差要及时整改。盘角时应仔细对照皮数杆标注的砖层数和标高，控制好灰缝大小，使水平灰缝均匀一致。大角盘好后再复查一次，平整度和垂直度完全符合要求后，再挂线砌墙。砌筑砖墙厚度超过一砖半厚度（370mm）时，应双面挂线。超过 10m 的长墙，中间应设支线点，小线要拉紧，每层砖都要穿线看平，使水平缝均匀一致，平直通顺；砌一砖厚（240mm）混水墙时宜采用外手挂线，可照顾砖墙两面平整，为下道工序控制抹灰厚度奠定基础。

挡土墙的砖块砌筑法有挤浆法、三一砌筑法、刮浆法、满刀灰法等，比较常用的为三一砌筑法、挤浆法，而刮浆法、满刀灰法适用于空心砖的砌筑。

三一砌筑法即一块砖、一铲灰、一挤揉，并随手将挤出的砂浆刮去的砌筑方法。具体就是用铲刀将拌和均匀的砂浆甩出砂浆的厚度，使摊铺面积正好能砌一块砖，应控制每次的甩浆量，不要铺得超过已砌完的砖太多，否则会影响下一块砖揉挤。铺完砂浆后，拿已经湿润好的砖在离已砌好的砖 30 ～ 40mm 处开始平放，并将砖稍稍蹭着灰面，把灰挤到砖顶头的立缝里，然后把砖揉一揉，同时注意对标一下相邻已完成砌筑的砖的标高或控制线的标高，通过揉挤、敲振，保证新砌筑的砖达到下齐边、上齐线。然后顺手用大铲把挤出墙面上的灰刮起来，甩到前面立缝中或灰桶中，即完成砌筑。这种砌筑方式能保证墙体灰缝饱满，粘浆面好，黏结强度高，能保证质量，提高砌体的整体性和强度。同时能保证墙面清洁，呈现较为完美的整体砌筑效果。

挤浆法即用铺灰工具在已砌筑墙顶面铺灰浆，每次铺灰浆长度控制在约 75cm（当气温超过 30℃时每次铺灰浆长度不超过 50cm），砂浆厚度需满足挤浆的要求，然后拿砖将其挤入砂浆中一定厚度之后放平，达到下齐边、上齐线，横平竖直的砌筑方法。这种砌筑方法可一次铺浆，连续砌筑多块，相比三一砌筑法效率更高，灰缝饱满、黏结面紧密、黏结强度高，质量有保障，效率高，是目前常见的砖墙砌筑方式之一。

常见砖砌块的砌筑施工均采用错缝搭接法，上下错缝搭接，搭接长度不小于 60mm，避免竖向通缝，同时，禁止使用小于 1/4 的碎砖进行砌筑，以保证砌筑墙体的稳定性和整体性，在墙体交接处、转角处均需要砌块搭接砌筑，以保证墙体的稳定性。为保证墙体砌筑安全性，日砌筑高度不宜超过 1.8m。砖块砌筑整齐，灰缝要横平竖直，避免错位而影响墙体的质量和美观。水泥砂浆饱满、质地均匀，水平方向的灰缝，其砂浆饱和度不能小于 80%；垂直方向的灰缝，不得出现透明缝、狭缝和假缝。当砌筑过程中出现缝隙，且缺少合适填料时，可采用少量普通砖进行填补，填补部位分布均匀、左右对称，确保受力均匀。如相接墙体不能同时砌筑，需在先砌的墙体上留出接槎，后砌的墙体要进行接槎（又称咬槎）。常见的接槎有两种形式：一种是斜槎（踏步槎）；另一种是直槎（马牙槎）。留直槎时，须根据规范的要求设置拉结筋，一般在竖向每隔 500mm 配一层钢筋作为拉结筋，伸出以及埋在墙内各 500mm，拉结筋一般采用 ϕ6mm 的钢筋，砌筑墙体厚 120mm 设置 2 根，厚 240mm 设置 3 根，厚 370mm 设置 4 根，以此推算。

在砌筑过程中，要时刻把握砌筑的高度，按照设计要求设置反滤层、排水孔、排水管，处理好挡土墙背部进水口反滤防渗隔水措施，并按设计要求回填透水砂砾石。同时要做好整个挡土墙背部的防渗措施。

（3）回填土

当砌筑墙身露出地面后，在砌缝胶结强度达到 70% 时，挡土墙后背做好防渗处理措施后，即可进行回填工作，根据设计要求，进行分层夯实。回填过程中，应注意对墙体是否发生变形、位移、开裂进行检测，保证墙体的稳定性和安全性。回填完成后，将杂物等清理干净。

6.3.3 材料与设备

（1）砌筑砂浆要求

① 水泥、砂石等应质地均匀，选用材料符合环保要求。

② 砂浆的配比需要按照设计要求由试验室经试配确定，如因外界条件影响，需要增添外加剂（有机塑化剂、早强剂、缓凝剂、防冻剂等）的，也经过实验室试配确定用量后进行配置。

③ 水泥砂浆强度至少 M7.5 级，搅拌均匀、显色一致、稠度适宜、和易性适中。

（2）砌砖要求

① 砖体完整、棱角整齐、无弯曲裂纹、规格基本一致的砖。

② 砌砖的强度不小于 MU10，具体以设计图纸要求为准。

③ 砌筑砖体之前，清理施工范围内的杂物，并提前对砖体和砌筑部位进行浇水浸润。

6.4 金属挡土墙

6.4.1 主要金属材料及特点

园林中常用的金属材料有铜、钢和铝。作为挡土墙的材料，钢板和不锈钢板、铝板是最常见的饰面装饰材料。钢板作为园林挡土墙的材料，往往会产生出乎意料的景观效果。在设计中为了突出工业化、个性化、信息化的时代特色，可选用金属钢板作为挡土墙的外贴面。金属钢板作为预制构件，可塑性非常强，能加工出弧形、拱形、折线形等，极具雕塑感、线条感、质感。钢板受外界条件的影响极易氧化生锈，而锈迹斑斑的钢板所展现出自然原貌，增加了观赏的趣味性，使欣赏者体会钢板的独到之处，以及原始氛围下的历史感、时代感。同时，钢板可结合不同颜色进行涂料彩绘，利用色彩与周边环境相协调，灵动的颜色使墙体画面形成视觉焦点，更能营造出良好的景观氛围。铜雕一般作为雕刻的预制块（件）用于挡土墙的墙体贴面，栩栩如生的浮雕往往令游人叹为观止。

特点：金属钢板是预制构件，具有耐腐、轻盈、高雅的特点，同时其具有一定的强度和极高的可塑性，以及雕塑的美感，可创造出简单的造型，也可塑造出复杂的图案。钢板的不足之处在于易腐蚀，雨水打湿后容易出现锈迹，虽然能在一定程度上体现时代感，但对于环境的清理和观赏者的体验具有一定的影响。

6.4.2 金属挡土墙施工工艺

钢板作为预制构件，预制加工、现场拼接安装的施工效率比较高，但受钢板的自身强度和形变影响，单独将金属钢板作为挡土墙，其挡土高度受限，如结合砌筑墙或现浇混凝土墙，其挡土高度可依砌筑墙体和现浇混凝土墙而定。

金属挡土墙施工工艺流程见图 6.4-1。

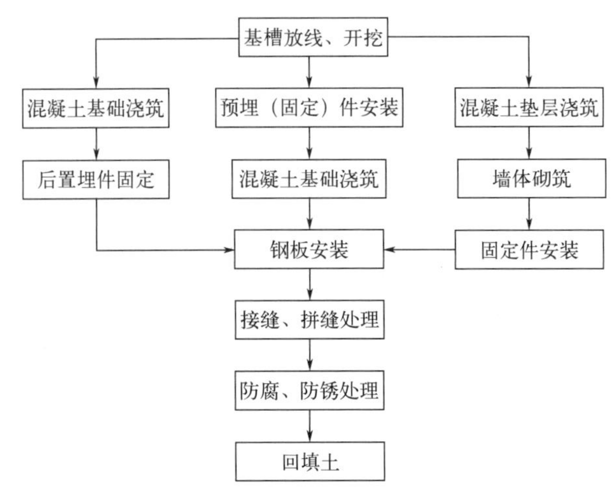

图6.4-1 金属挡土墙施工工艺流程

6.4.2.1 基础施工

按照设计要求，对基础进行测量放线、基槽开挖、标高核定、混凝土基础垫层施工、混凝土施工，施工过程及管理工艺与砖砌筑基础做法基本一致。对于预埋（固定）件，在混凝土浇筑前，按照放线定位坐标固定后，复核固定件的顶标高，若符合设计要求，再浇筑混凝土。如预埋板（固定件）有螺栓、套筒、预留孔洞，应做好螺栓、套筒、预留空洞的保护，再进行混凝土浇筑。一般建议采用预埋固定件或预埋件，尽量减少或不使用后置埋件。

6.4.2.2 金属板安装

金属板挡土墙可分为两种情况，第一种是金属板自身作为挡土功效的挡土墙，第二种是用金属板作为挡土墙装饰面，自身不承担挡土功效。两种金属板的安装存在一定的差异，具体如下。

（1）金属板挡土墙

在安装金属板之前，对混凝土基础进行坐标、竖向标高、平整度等的再次检查，以及检查预埋（固定）件的放线位置、间距是否与原图纸或优化确认的图纸保持一致。当混凝土基础的强度达到 80% 时，方可在基础上进行钢板的安装施工或进行挡土墙的砌筑施工。

如施工前预埋的是固定件（不等边槽钢或矩形方钢）或固定支架，应依照图纸，按照排版和加工编号，将预制好的金属板与固定支架（固定件）的位置一一对应，将金属板上预留的固定件与固定支架上的固定位置对照后进行预固定。然后，校核金属板的顶标高、垂直度（倾斜角）、钢板与钢板之间衔接部位的缝隙及衔接方式是否与图纸一致，在检查明确无误后，进行最终的固定。常见的固定方式有螺栓固定和焊接固定。如采用螺栓固定，安装完成后应对螺栓扭矩进行检查；如采用焊接固定，在焊接完成后，应清理焊渣，然后对焊口进行检查，看是否满足焊接要求，在满足要求后，进行防腐、防锈处理。处理完成后，方可进行下一步施工。

如在混凝土基础中安装预埋板，应提前完成金属板的加工及金属板与支架的固定，固定方式和注意事项与预埋固定件时钢板及支架安装方式相同。在浇筑混凝土强度达到80%后，使加工好的金属板及其支架与预埋板的顺序相对应，然后将金属板及支架固定在预埋件上，再依据图纸校核、调整金属板的位置、竖向标高、倾斜角度、板间缝隙等，符合设计要求后，最终将支架固定。采用焊接或螺栓的固定方式，注意事项同支架与金属板固定方式。

如没有预埋固定件或预埋板，可将金属板逐片安装在混凝土基础内侧，安装完成后，在基础顶部浇筑与基础等宽的C25混凝土护脚，高度不应小于15cm，用于固定钢板，该施工做法其挡土高度受限大。

由于此类挡土墙金属板自身需要承担抗压、抗折力，在材料的选择上常用不锈钢钢板、耐候钢板、经防腐处理的普通钢板，可采用电镀、喷涂、烤漆、腐蚀、雕刻、转印形成各种表面纹理，达到设计效果需求。

（2）金属板装饰挡土墙

按照设计图纸进行挡土墙结构的定位放线，然后进行开槽、基础垫层施工、墙体结构施工等，完成挡土墙自身结构施工。如挡土墙墙体为砖砌筑结构，依照砖砌挡土墙进行施工工艺和管控要点管理，砌体的坡度与设计要求一致，需要预先设置一个1∶（0.02～0.05）的向内倾斜角；如为混凝土浇筑挡土墙，挡土墙的施工则依照混凝土挡土墙的施工工艺和管控要点进行管理。在墙体结构施工过程中，应保证墙体结构的坡度与设计要求一致，如墙体需要进行预埋件安装，应在混凝土墙体或混凝土柱浇筑前，将符合要求的预埋件按照设计要求和点位安装及固定，在做好防护后，进行混凝土浇筑，在混凝土墙（柱）的强度达到80%及以上时，开始下一步施工。

在墙体砌筑完成并达到设计强度后，清理墙面，复核预埋件的位置是否满足设计要求，如预埋件在混凝土浇筑中发生位置变化而不满足要求时，可采用后置埋件法进行替代，保证预埋件能够满足固定件的安装要求。在预埋件清理完成后，依据设计图纸（或深化图纸）进行主龙骨与预埋件的预固定，复核角钢（或方钢）的型号、长度、水平度、垂直度是否满足要求，在满足要求后进行最终固定，常见固定方式为焊接。焊接完成后需要清理焊渣，检验焊口是否满足要求，满足要求后，进行防锈、防腐处理。

在主龙骨安装完成后，根据设计图纸要求，进行连接件（挂件）安装或者固定码安装。安装方式一般采用螺栓组固定，在连接件（挂件）或固定码上进行预固定，复核其凸出墙面的长度是否满足设计要求，然后将加工好的金属板材按照排版顺序从一段逐一按顺序安装，将其挂在连接件（挂件）或固定码上，调整金属板与墙面之间的间距，金属板立面的水平度、垂直度、坡度，金属板之间的缝隙等，在均满足设计要求的情况下对金属板进行固定。固定完成后需要检查螺栓组的扭矩是否满足要求。

（3）金属板接缝处理

金属板挡土墙因其自身挡土功能强度要求，采用钢板类金属板施工，钢板接缝通常采用“T”形焊接缝的连接形式，上、下层钢板的竖缝、横缝和接缝点交错布置，如设计中对接缝的位置和样式有特殊要求及说明的，则按照设计要求的位置进行设计；兼做筋带结点的钢板接缝处，与螺栓一体化；非筋带结点的螺栓部位选择强度大的螺栓连接。

金属装饰板挡土墙因其自身不承担挡土功能，其接缝一般按照装饰缝进行装饰处理，常用的金属板装饰缝有密封、勾缝、搭接缝等形式，依据设计样式进行选择施工。

（4）金属板加筋肋

因金属板自身的刚度和强度，若钢板长度或宽度达到了一定程度，金属板则容易发生变形，为加强金属板的抗变形能力，可在金属板挡土墙外侧设置筋肋。筋肋的形式、材料、规格均以设计要求为准，加筋肋的最大间距不宜超过 3m。最下层加筋肋距离墙体底部不超过 3m，最上层加筋肋距离墙体顶部不超过 2m。墙身顶部使用高强度螺栓连接压顶。筋肋应与同层的筋带螺栓节点连接。金属板的加筋肋一般在金属板的预制加工的过程中与金属板相连接，并预留相应的固定连接件，其材质应与金属板材质保持一致。

（5）筋带连接安装

筋带拉力、加筋体填料、筋带间的摩擦力，是保证钢板挡土墙内部结构稳定的重要前提。筋带连接安装应与筋体分层填筑同时进行，当钢板的一个螺栓结点使用两根或多根筋带时，筋带不设置接头连接，直接将筋带穿入螺栓尾端变为两根筋带的连接形式。当使用单根筋带时，穿入螺栓尾端，使用筋带扣连接至 10 ～ 14mm 的钢钉上，筋带按设计要求角度拉直紧绷，并将钢钉打入夯实土层中固定。

6.4.2.3 防腐处理

因金属板的材质不一致，其耐腐蚀性差异比较大。其中常用的金属板材中：普通钢板最易腐蚀生锈，因此在钢板挡土墙施工过程中要进行严密的防腐处理。当墙体所处的土壤环境腐蚀性较低时，只需采用镀锌钢板就可延长钢板挡土墙的使用寿命。墙体背面、墙体地面、螺旋波纹钢管和渗滤排水管等部位在加筋体填筑前，就应对螺栓和回填土接触面进行现场防腐涂装。防腐涂装使用专业机械喷涂，喷洒均匀。在雨雪、风沙、扬尘或者气温低于 0℃时，禁止进行防腐涂装工作。

当墙体所处的土壤环境处于中等腐蚀性时，防腐涂装选用改性沥青，总干膜的平均厚度不宜小于 1.0mm；当墙体所处的土壤环境处于强腐蚀性时，防腐涂装选用环氧沥青，总干膜的平均厚度不宜小于 2.0mm。

钢板外侧外露面及外侧干湿交替区进行防腐喷涂时，普通型喷涂总干膜的平均厚度至少为 210μm；长效型喷涂总干膜的平均厚度至少为 240μm；干湿交替区喷涂总干膜的平均厚度至少为 450μm。全部总干膜最小厚度不应小于平均厚度的 90%。

如采用不锈钢作为钢板挡土墙，由于其材质本身就已经具备耐腐蚀性，不易生锈，因此不需要进行特殊的防腐处理。

6.4.2.4　排水与防冻胀

当加筋体填料为细质土时，如出现地下水渗入，应立即采取排水技术措施，避免钢板挡土墙产生静水压力，造成寒冷地区回填土冻胀。排水和防冻胀工作与加筋体砌筑同时进行。当地下水渗水严重时，采用反滤层进行排水，在加筋体底部铺设不小于50cm厚的透水性砂石，将地下水排出挡土墙。

当加筋体填料为不透水的细粒材料时，在钢板挡土墙背后纵向安装渗滤排水主管，渗滤排水主管直接延伸至挡土墙外，主管坡度应为2%～4%，支管间距为0.4～0.5m。在设置排水孔的钢板上，直管间距应与排水孔一致并与排水管连接。渗滤排水管外侧包裹土工布，避免防渗滤孔堵塞。

当加筋体本身具有防冻胀要求时，应在钢板挡土墙背后选用非冻胀性粗粒土铺设隔离层，距离钢板宽度不小于当地的最大冻深值，防冻胀层顶部和加筋体顶部还应填筑不小于30cm厚的黏土隔水层。

6.5　木材挡土墙

6.5.1　木材挡土墙主要特点

木材是与人类生产和生活联系最为紧密的一种材料，一直被广泛应用于园林环境中。木材作为挡土墙的材料之一，常常应用在一些承重相对较小、选材不受限制、小尺度场地的空间中，或者坡度较小、挡土墙体量较小的空间。由于木材种类多样，并具有天然的纹理和质感，其可塑性强、容易加工，加工方式多样，因而木材挡土墙具有多种形式。选择适宜的木材挡土墙不仅可以护坡，还能够增强景观环境的自然效果，融于生态设计的理念。

木材挡土墙所表现的，一种是木材的横截面，也就是树木的年轮；另一种是木材的纵向质感纹理，也就是树木的树皮，通常通过木板展示。在处理场地地形高差时，往往就地取材，利用场地废弃圆木，依次打入地下，形成高低错落、富有自然气息的篱笆状挡土墙。或是用原木垒砌，截面向外，在外观上看墙面由很多圆木头组成，更具有山林特色，也可以直观地让观赏者看到木材的年轮及纹理，以此展现自然界植物的生长能力以及当地丰富的木材资源。

由于木材的可塑性强，通过对木材的处理切割，可以将合适大小的圆木做成木笼（箱）挡土墙，圆木保留了树木的原有特性，给观赏者以自然的亲切感，在圆木笼（箱）中添置泥土、栽种观赏花卉，与自然环境融为一体，营造返璞归真的自然野趣。除此之外，铁路枕木也可以作为挡土墙的砌筑材料，这在欧美国家已普遍存在，由于其功能的实用性和景观的美观性，铁路枕木往往可以作为优秀的装饰材料，但由于适宜建造挡土墙的铁路枕木取材困难，成本较高，因此经处理的仿铁路枕木的木材被广泛引进，能够产生和铁路枕木相同甚至高于铁路枕木的艺术效果。

木材挡土墙因其具有天然的年轮纹理感，木材自身生长的形状和树皮等自然的纹理，以及易被人接受的触觉特性，增加了挡土墙的亲和力，使挡土墙更具有观赏性。但由于木材挡土墙和土壤直接接触，土壤中的水分和微生物很容易腐蚀木材，造成挡土墙木材破败、腐烂，进而丧失其挡土功效，甚至发生土方塌陷。鉴于上述情况，需要对木材做防腐处理，在保持木材原有的纹理、质感的基础上，实现其耐腐蚀的性能。

随着科技的发展，一些人工合成或经化学方法处理的防腐木材料出现，解决了原木不耐潮、耐湿的特点，同时也保持了原木材的亲和力及纹理质感，且颜色深浅通过人工调节可控，既满足了环保需求和景观效果需求，又体现出生态性的原则。其中，比较有代表性的就是塑木、竹木。

6.5.2 木材挡土墙施工工艺

（1）立柱式木材挡土墙

立柱式木材挡土墙是将切割好的木料垂直排列于沟中，然后灌满混凝土。地下部分的高度因墙高不同而各不相同。通常，地上和地下部分长度应该一致，一般不大于1.2m。挡土墙越高，所需要的木柱直径也越大。立柱顶部可根据美观需求，切割整齐或者高低起伏。墙背部用卵石填充，帮助缓解排水压力。

另外一种立柱式木材挡土墙做法就是打桩或压桩：通过重物锤击或重物加压的方式，依据试桩的结果，将防腐处理的木桩压入土中预定的长度，并按设计要求保留露出地面的长度，进而起到挡土的作用。压入土中的长度和地面预留的长度的关系取决于施工场地土壤的密实度和压实度，一般需要通过试压桩的数据而定。试压桩的数量和间距应依据设计要求而定，如地质情况比较复杂，应在设计要求的基础上增加数量，一般情况是按照50m一根来试桩，选用的木桩长度应比设计确定的木桩长度多0.5m，通过试桩来确定压入泥土中的长度，进而确定木桩的长度，这种处理方式适用于地质条件比较好、挡土高度比较矮的地方。

如具备条件，可对接触面进行加工，保证木桩之间的拼缝紧密；如拼缝紧密度不够，可在挡土墙外侧采用土工布进行处理，处理完成后再用卵石填充（可疏解墙背部的水），完成后，按挡土墙回填土要求进行填土。

（2）水平层级式木材挡土墙

水平层级式木材挡土墙是指将木质挡板水平放置，按层级形成挡土墙，挡板之间用垂直连接件连接，然后用混凝土将垂直连接件做环状填埋固定。注意在连接缝处安装垂直连接件，垂直连接件埋入地下部分不小于2/5。

如地质条件比较好，也可通过锤击或重压的方式将垂直木桩压入土层一定深度，通过土壤自身挤压来固定垂直木桩。然后将木板（材）与垂直木桩固定，形成水平层的木格栅挡土墙，进而实现挡土功能。木挡板之间的缝隙需要进行紧密处理，必要时，可以在挡土墙外侧增加无纺布，以避免回填土流失。垂直木桩压进土层的深度需要依据土壤的情况进行实际试桩来确定。

（3）水平交错式木材挡土墙

水平交错式木材挡土墙与层级式木材挡土墙不同，于层间有交错，各层挡板之间通过长的钢筋或长钉紧密联结在一起。挡板形成的挡土墙用柱桩固定，如果在墙的后面柱桩过长而影响墙后面物体时，有必要截断柱桩。在柱桩远离墙的一端，用锚栓固定一个与墙体平行的横档。

6.6 混凝土挡土墙

6.6.1 无钢筋混凝土挡土墙

无钢筋混凝土挡土墙又称素混凝土挡土墙，通常由素混凝土浇筑而成，由挡土墙自身的重力维持稳定，是重力式挡土墙的一种形式，其挡土高度受限，一般低于5m。

6.6.1.1 无钢筋混凝土挡土墙主要特点

素混凝土挡土墙因采用混凝土浇筑，整个墙体结构简单，浇筑施工简洁方便，施工速度快，施工周期短。由于其体量大，自重大，工程量较大，故对地基承载力要求比较高，时间长了，地基也会发生较大的沉降。

6.6.1.2 无钢筋混凝土挡土墙施工工艺

无钢筋混凝土挡土墙施工工艺流程见图6.6-1。

（1）基槽挖土方

土方工程开挖前，应当根据地质报告及其他有关资料，确认开挖区域内是否有地下电缆、管道、洞穴等。根据设计要求测量、布放标线，确定基础的大小、形状和深度，在地面上标出标高线。根据测量放线定点，对土方进行开挖，对剩余土方进行修整成型。土方开挖可采用挖掘机和人工开挖两种方式进行。开挖基础槽时，施工墙体按沉降缝断面开挖，以防止基坑塌方。另外在施工过程中应根据实际需要设置排水沟或其他排水设

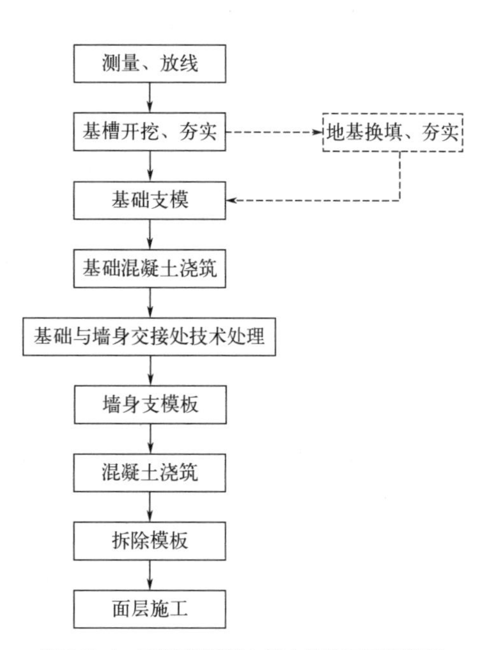

图6.6-1　无钢筋混凝土挡土墙施工工艺流程

施，避免地基积水。

（2）基底处理

开挖时，如发现地基有淤泥层、软土层、坟坑墓穴或地基承载力不足，需更换透水性好、稳定性好的材料，填筑至设计标高进行地基处理。换填过程中，要分层回填，层层夯实，原则上每层回填最大不超过 30cm。

（3）现浇混凝土基础

在清理好垫层表面后，再次进行测量放线，复核竖向标高无误后，按照挡土墙分段长度进行立模，整段进行浇筑。

在进行混凝土基础浇筑前，准确计算出所需的混凝土土方量，避免不够或剩余造成浪费。混凝土应从低处开始浇灌，并应分层进行，每一层的厚度常为 30cm，通过使用插入式振动棒进行振捣，振捣时要快插慢抽，从而保证振捣均匀密实，并且表面上的混凝土平整，有浮浆，无下沉。浇灌到顶面后应及时进行抹面，保持表面的平整。在混凝土浇筑完成后，应及时进行养护，避免由于内外温差过大而产生收缩开裂的现象。

（4）现浇墙身混凝土

在墙身的混凝土进行浇筑前需要做以下准备。首先，在底部接茬处进行凿毛、清理以及湿润处理，准备完毕后均匀铺设 15 ～ 20mm 厚度、与墙身混凝土强度具有相同等级的水泥砂浆。然后，按照墙体的规格与高度进行分层浇筑，并控制每层浇筑的厚度在 300mm 以内。继续使用插入式振动棒进行振动，要避免漏振、过度振捣。混凝土的卸荷点应分散。墙体应连续浇筑，每层间隔时间不能超过混凝土前层的初凝时间，以免形成施工冷缝而影响施工质量。墙体混凝土施工缝应设置在设计伸缩缝处。如墙体上有预留孔洞，预留孔两侧混凝土浇筑高度应对称且均匀。振动器移动距离不应超过其振捣半径的 1.5 倍，且距孔边 300mm 以上，防止孔移位变形。

混凝土浇筑到顶面，振动完成后，应及时进行抹灰，使表面平整。并应及时进行喷淋养护，使混凝土能够保持足够的湿润状态，养护时间不应少于 7d。此外，还应根据实际空气湿度、温度等情况延长或缩短养护时间。

（5）施工缝、伸缩缝、泄水孔的处理

应按设计要求设置各种施工缝、伸缩缝、排水孔。在混凝土浇筑前需要提前确定施工缝的具体位置，并应考虑整体墙体的结构剪力和设置在弯矩小且便于施工的位置。现浇混凝土挡土墙一般设置 2cm 宽的沉降缝，施工过程中在沉降缝间放置 2cm 厚的泡沫板。

（6）混凝土拆模

挡土墙侧模板只有在混凝土强度达到 2.5MPa 以上方可拆除，模板脱模时不应出现丢失表面角。脱模应按模板设置的相反顺序进行，从而保证混凝土的完整性和平整性，减少模板的破坏。当模板与混凝土分离后，可拆下模板，然后进行移动。在进行混凝土的临时放置和其他预埋部分的拆除时，不得损坏混凝土。

（7）墙背部填料的填筑

当墙体混凝土达到 70% 以上的设计强度时，方可进行墙背部填料填筑的工程。为了保证挡土墙的正常使用和合理的经济性，挡土墙的回填应采用高透水性、水稳定性的填料（沉箱毛渣、砂、石），分层填充夯实 45cm。挡土墙后部填充的材料应具有良好的水稳定性和透水性。最低的排水孔用黏土回填，每层填土厚度为 15cm，回填厚度为 30cm，人工夯实。

6.6.2 钢筋混凝土挡土墙

钢筋混凝土挡土墙通过在混凝土墙体里增设钢筋，改善墙体的强度和刚度，进而达到更有效抵抗土体侧压力的效果。钢筋混凝土挡土墙常用的几种类型分别是钢筋混凝土重力式挡土墙、钢筋混凝土悬臂式挡土墙、钢筋混凝土扶壁式挡土墙，这三类挡土墙形式不同，具有独特的特点与优势。

总体来讲，相较于无钢筋混凝土挡土墙，钢筋混凝土挡土墙在混凝土浇筑的厚度上有所减少，可节省工程投资。同时，可结合装配式施工和机械化施工，更有利于提高生产效率和质量，也有利于安全施工。

6.6.2.1 各种钢筋混凝土挡土墙的特点

（1）钢筋混凝土重力式挡土墙

依靠墙体自身重力抵挡土体的侧压力，在墙体的背部设置少量钢筋，增加墙体的抗弯折强度，同时可减少混凝土的用量，节约工程成本；在墙体底部设置墙趾并展宽（需要时可设置钢筋），或基底设凸榫用于抵抗滑动；增加墙体的抗滑能力，保证墙体的稳定性。

（2）钢筋混凝土悬臂式挡土墙

材料结构采用钢筋混凝土，整体由立壁、墙趾板、墙踵板三部分连接组成，钢筋混凝土结构可以使墙体厚度变窄，自重减轻，同时钢筋混凝土底板的刚度较高，使得挡土墙可以具有较高的立臂，因此，悬臂式挡土墙具有结构尺寸较小、自重较轻的优点。但随着挡土墙增高，造成立壁下部弯矩比较大，配筋相应增加，出现挡土墙造价成本不经济的情况。

（3）钢筋混凝土扶壁式挡土墙

以钢筋混凝土挡土墙作为基础，沿墙长等距加筋肋板（扶壁），连接墙壁与墙踵板，改善立壁和墙踵板的受力条件，将土压力产生的弯矩和剪力作用于竖板及扶壁共同承受，提高结构的整体性，从而提高刚度。这种结构方式比悬臂式挡土墙整体性强，受力条件好，在挡土墙较高时，悬臂式挡土墙更为经济。除此之外，扶壁式挡土墙构造简单、墙身断面较小，施工方便，自身重量轻，材料的强度性能可以得到更好的发挥，并且适应承载力较低的地基条件。

6.6.2.2 混凝土挡土墙主要施工工艺

混凝土挡土墙施工工艺见图 6.6-2。

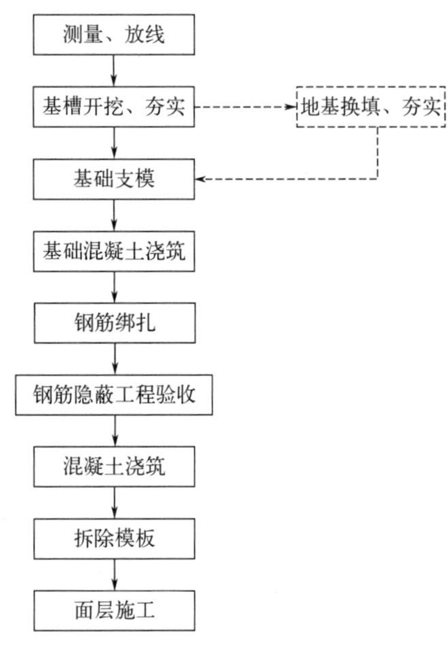

图6.6-2 混凝土挡土墙施工工艺

（1）放线、开槽

在基坑土方开挖前，首先要进行定点放线，然后按照施工图上的坐标点进场测量放线，准确把握开挖的中线和边界，制定合理的桩标，详细规定开挖高度和开挖深度，并在开挖施工中建立排水系统，注意现场排水，尽量避免基础被水浸泡，从而能保证施工的质量。

（2）垫层施工

在开槽完成及夯实后，为了增加基底的摩擦系数，可以在底部铺设 10 ～ 20cm 厚的碎石垫层，垫层施工过程中，当垫层底面不在同一标高时，应按先深后浅的顺序施工，再用打夯机夯压平整、振捣密实。压实后，需要复核碎石完成面的标高是否满足设计要求。

（3）钢筋进场加工

钢筋进场时，应进行外观验收，并检查出厂质量证明书和试验报告单，同时在建设单位、监理单位、施工单位的共同见证下进行见证取样检测，检测合格后方可使用。检测合格后，依据设计要求，采用冷加工法对钢筋进行弯钩、调直等成形处理，按照加工后的型号和类型进行分类，堆放于干燥环境中，且保持其高度距离地面 30cm，避免钢筋与地面的直接接触，并对其进行遮盖，避免潮湿生锈的情况发生，并挂牌标注。钢筋冷弯，根据需要可以使用人工或者机械方式进行。

由于挡土墙的规模和形式不同，其各部位受力形式不一样，不同部位可能需要不同类型的钢筋作为受力筋，而且不同类型的钢筋其力学参数也有很大的差异，因此在处理过程中，需要仔细检查钢筋的类型，根据其性能参数进行加工，如Ⅰ级钢的冷拔率不应超过 2%，Ⅱ级和Ⅲ级钢的冷拔率不应超过 1%。

钢筋的接头处理方式通常有：绑扎、焊接、机械连接等，每种接头方式又具有其适用范围，连接结束后必须对连接进行检验并做好性能检查，确定是否符合规范要求。

① 轴心受拉及小偏心受拉杆件的纵向受力钢筋不适宜采用绑扎搭接；在其他构件中进行绑扎搭接钢筋时，受拉钢筋的直径不宜大于 25mm，而受压钢筋的直径不宜大于 28mm。

② 钢筋焊接包括气压焊、闪光对焊、压力焊、电弧焊和预埋件钢筋埋弧压力焊 5 种

方式，需进行疲劳验算的构件的纵向受拉钢筋不宜采用，其余均可适用；但细晶粒热轧带肋钢筋以及直径大于 28mm 的带肋钢筋，其焊接应经试验确定，经余热处理的钢筋不宜进行焊接。

③ 钢筋机械连接有直螺纹、锥螺纹和套筒挤压 3 种，这些方式适用于所有钢筋连接，并且可以在任何环境条件下操作，施工效率很高，可连续连接增长，传力性能很好，连接强度高，质量稳定，但工程成本相对较高。

（4）钢筋安装

基底验收承载力符合要求后，方可进行钢筋的安装工程。在施工过程中，应首先进行地基加固，然后在墙体中埋入竖向钢筋。基础浇筑混凝土完成后，浇筑压力达到 2.5MPa 时，再安装墙体钢筋。挡土墙地基加固的安装需分两步进行：第一步，底部加固安装；第二步，地基加固，可以在地基达到一定强度后进行安装。

钢筋安装过程中应注意以下几点。

① 接头适宜设在受力较小的位置。同一纵向上的受力钢筋不宜设置两个或两个以上的接头；接头的末端到钢筋弯的起点距离应大于等于钢筋直径的 10 倍。

② 受力钢筋焊接（机械连接）时，接头宜错开连接。在连接区段长度为 35 倍直径且不小于 500mm 范围内，接头面积比例（%）应符合 GB 50204 的规定要求。

③ 同一构件中相邻纵向受力钢筋的绑扎搭接接头宜错开。接头中钢筋的横向净距不应小于钢筋直径，且不应小于 25mm。搭接长度应符合标准的规定。连接区段 1.3 倍搭接长度范围内，接头面积比例（%）应满足以下规定：对梁类、板类及墙类的构件，不宜大于 25%；对柱类构件应不宜大于 50%。当工程中必须增大接头面积比例（%）时，对梁内构件，不宜大于 50%；对其他构件，可根据实际情况放宽。

④ 箍筋配置在梁、柱类构件的纵向受力钢筋搭接长度范围内，应按设计要求配置箍筋。

（5）模板工程

① 在钢筋绑扎完成通过验收后，需要对挡土墙的墙体进行支模浇筑。模板的选型及配置应根据挡土墙的类型和高度设置，须符合规范及各项标准，模板的支设按照计算设置，必须保持牢固。在浇筑混凝土的过程中，时刻关注螺母是否有松动、模板是否有变形的现象，如发现变化，应及时采取相应的设施。

② 为提高水泥表面的平整度，模具的选取必须注意平整光洁，模具板面的连接必须牢固和均匀，避免漏浆。在模板表面涂刷脱模剂，有利于后期模板的拆除，保证混凝土表面的完整性，避免混凝土变形，如出现变形，应及时进行修整。

③ 模板的拆除在混凝土抗压强度达到 2.5MPa 时方可进行，并且要遵循先支后拆、后支先拆的原则。

（6）混凝土工程

① 混凝土浇筑前，应完成钢筋安装隐蔽工程以及模板安装工程的验收，两者均需验收合格后才可进行混凝土浇筑。

② 混凝土的配制比例应满足设计要求，经实验室计算所得，因混凝土挡土墙的施工周期、环境等情况需要添加早强剂、混凝剂、减水剂、抗冻剂等添加剂的，也需要经实验室测定后，按测定比例配制。

③ 混凝土浇筑前，应在其底部均匀浇筑与墙体混凝土强度等级相同的 15 ～ 20mm 厚的砂浆黏结层。

④ 混凝土浇筑的自由落差高度通常不大于 2m，当混凝土自由落差高度大于 2m 时，需要通过导管或串筒输送浇筑，从而防止混凝土产生离析。

⑤ 混凝土应按规范从底部均匀浇筑，层厚不得超过 30cm。采用插入式振动器进行振动，每层混凝土浇筑不得中断，每两层混凝土浇筑时间不得超过混凝土凝结时间。振捣第二层混凝土时，应将振捣棒插入前层 5 ～ 10cm。

⑥ 振动器振捣结束后，整理暴露在外部的钢筋，用木抹子按设计标高控制线将墙体上开口调平。

（7）土石方回填

土石方回填是维护施工环境稳定的一项重要工作。当挡土墙的墙体强度达到设计强度的 75% 及以上时，可将透水性好的填料用于墙后填料的施工。施工中避免使用膨胀土，以防止工程结构的倒塌。当回填至排水孔时，在排水孔下面填充一层黏土，然后是排水孔的过滤层。排水孔应覆盖土工织物，回填砂土，使土中的水能及时排出，以减轻挡土墙的侧压力。

6.7 混凝土预制构件挡土墙

在挡土墙的运用上，混凝土具有非常大的灵活性和景观变化性，其可以通过搭配钢筋和模具浇筑成不同的结构形式，也可以制成不同的预制件从而配合使用，形成具有不同特色的挡土墙形式，根据其功能性的特点可以对其进行模具设计，从而满足使用时对挡土墙的生态性功能要求，如采用混凝土浇筑成的生态挡土墙模块，不仅可以为挡土墙增加竖向绿色变化，也可以通过模仿自然特点来增加挡土墙的美观性，进而构建景观中与自然环境相融合的风景园林挡土墙。

混凝土预制构件挡土墙是通过混凝土模具预先制作形成的混凝土构件，通过干垒、锚固或者插接等形式进行组合，从而构建符合功能和艺术需求的挡土墙形式，在园林中常见的混凝土预制构件挡土墙组成构件包括混凝土砌块、混凝土生态模块、混凝土预制板、混凝土塑石及混凝土拟木等。

6.7.1 混凝土砌块挡土墙

6.7.1.1 混凝土砌块挡土墙主要特点

混凝土砌块是以混凝土为基础材料，通过固定尺寸模具进行定型而形成的砌块，可以根据砌块模具的不同大小构建不同的砌块尺寸。预制混凝土砌块形式的挡土墙作为很常用的一种混凝土挡土墙形式，被广泛应用于园林景观中，也是很常见的挡土墙形式。

混凝土砌块的种类非常多，尺寸具有多样性且颜色丰富，既美观又实用，可适用于多种环境要求，可应用的范围较大。由于混凝土砌块的加工周期短、生产量大、运输方便、砌筑效率高，可避免拖慢工程进度，常受到施工方的青睐。另外，利用混凝土砌块表面质感千变万化的特点，可以把挡土墙景观中的“阳刚之美”发掘出来，设计并创造出适应空间、协调景观、环境艺术感强、稳定性高的挡土墙。

混凝土砌块挡土墙一般用干垒施工工艺，在荷载相对较大的地方也会使用条带式加筋，以构建更为整体的结构，从而共同应对土压和顶部负荷对挡土墙的破坏。此外，混凝土砌块干垒形成的挡土墙为柔性构造，其基础结构可不必为满足结构强度的要求而布置在冰冻线下。

6.7.1.2 混凝土砌块挡土墙主要施工工艺

（1）放线、开挖

按设计及图纸要求对挡土墙基础进行测量、放线，按照放线要求对边线以及坡度进行处理。在挖掘的过程中应注意边坡的放坡角度，确保边坡安全稳定，避免出现塌方的情况，同时应尽量避免对周围的道路、停车场、建（构）筑物及地基承载力产生影响或危害。

按设计要求开挖后，需要对挡土墙的地基进行实际复核，考察基础土质能否符合工程设计中关于挡土墙基础深度与宽度的要求。对于一些不满足要求的土质条件要进行换土，被更换的地基土质要求也必须符合工程设计标准，最大干密度的压实率要超过 95%。

（2）垫层的施工

一般选用已夯实的碎石作为垫层结构。通过板式振动机提高其压实率，达到不低于 95% 的要求。需保持垫层找平，以保证混凝土砌块和垫板之间的连接牢固平稳，使用低标号的较细腻的混凝土在垫层面上进行找平处理，增加挡土墙后续建设的稳定性。对垫层厚度的要求一般不低于 150mm。垫层的四周与墙趾或墙踵之间的距离至少应满足 150mm。若土基基础的负荷较差，承载力较薄弱，或者地下水位上渗过高，甚至超过基础土，需要使用土工布进行特殊处理。

（3）首层砌块的正确放置、回填排水集料和土壤回填

为了保证质量，首层建筑砌块的正确放置十分关键。首层建筑砌块应当切除后缘，以保证与基础层连接牢固，并保证水平。在挡土墙体后部应当使用排水集料颗粒进行填充，但对填充的排水集料的厚度应该大于 300mm。为防止填充集料与土体掺混，从而影响排水效果，可在排放集料颗粒与其后的混凝土体中间设置土工布。对于填充物应进行分层压实，每 150 ～ 200mm 进行一次，压实后的压实度应不低于 95%。在逐渐靠近墙

体 1m 内使用手动压实，以防止对墙体造成破坏。

（4）排水管处理

排水管安装所使用的材料一般是 PVC 管或塑胶波纹管，并使用土工布对排水管进行包裹，从而达到过滤土壤泥沙，防止排水口堵塞的目的。挡土墙内侧的水靠自重积累，从排水系统排出至墙外集水口，或与墙内不涉及墙体稳定的集水口相沟通。为满足快速排水的要求，排水管直径应不小于 75mm，其余辅助排水管可通过自重或与主排水管进行连接沟通，排水管之间的间距不应超过 15m。

（5）其他各层砌块的堆放

其他各层砌块进行堆放前，应预先保证排水骨料与所堆放的砌块高度齐平或略低，对砌块上部的杂土进行清理，然后进行新一层的堆放，通过错位压实来形成抗剪结构体系，并调节砌块部位的平整性和水平性。

（6）拉结网片的铺设

在挡土区荷载较大时，为保证挡土墙的稳定性，应采用拉接网片，一般从墙内至压实的加筋土区内满铺。拉结网片的高度与材料应符合建筑设计规定。拉结网片应与墙面设计标高放置齐平，拉结网片水平方向使用螺栓紧固。墙前处拉接网片的连接不得产生缝隙或搭接，需要进行连接时应对接整齐并保证没有缝隙。

（7）压顶块的布置和清场

在砌块顶部放置压顶块。通过砂浆等黏合物质，将下部块体连接在一起。在墙后填筑体的表面铺设至少 300mm 厚的低渗透性回填土，以防止地表水流渗透入加筋土区内。

6.7.2 预制混凝土空心砖挡土墙

6.7.2.1 预制混凝土空心砖挡土墙主要特点

预制混凝土空心砖（生态砖）挡土墙以预制混凝土空心块为主要材料，进行逐层干垒，墙后使用土工布进行分层铺设，将空心块与土工布牢固地相连并延伸到相应的土体中。它将预制的混凝土空心块、土工布和回填料共同构成“复合型墙体”，显著特点是可以应对填土时产生较大的形变，使得“墙”“布”“土”三者协同作用，更符合城市景观环境特点，是取代传统重力式防护挡土墙的一种新型挡土墙形式。

该结构与传统挡土墙结构相比具有以下优点。

① 结构自身重量相对较轻，因此对于地基承载的要求则相对较低。

② 工厂模塑化生产、成本低，施工稳定方便，施工质量和工程进度具有保障性。

③ 依靠块之间的咬合力、围护层的重量比和土工布以及土体自重来阻挡散落土块的下滑和墙体的不稳现象等；结构侧面近似“S”形的造型，每块墙后设有凹凸槽，拼装后可以保证每个部件位置都正确，无须用水泥浇筑，也无须修补，在每次拼装时回填土壤即可。

④ 整体建筑物可以在土压力的作用下，将各个部件彼此压实，不易错位、不易松

散，结构安全。

6.7.2.2　混凝土砌块挡土墙主要特点

施工工艺主要包括测量、放线、地基施工、预制块的运送准备与铺设、预制块内充填耕植土、铺土工布等项目。

（1）地基施工

按照设计图纸进行测量、定位放线，然后按放线进行土方开挖，并做好边坡的放坡和安全防护，将土方开挖到设计标高。在地质情况满足要求的情况下，按设计图纸进行基层处理和坡度基础准备；按设计要求采用素混凝土对基础进行摊铺进而形成相应厚度，对其进行振捣养护以达到设计需求程度，以增加地基承载能力，保证挡土墙的顺利施工。

（2）预制块的运送准备与铺设

在预制块加工厂或加工场地按照设计尺度或设计选定的模数进行开模加工，或采用已有模具进行标准化的预制块加工生产，施工需要时，采用相应的运输工具通过施工道路运送至指定地点，做好施工准备。目前常用的预制块以各类混凝土预制块为主。

铺设预制块时，不得破坏垫层，自下而上逐层施工，错缝排布，避免通缝，表面平整，砌缝紧密。第一层混凝土预制块是整体挡土墙的基础，其稳固度决定了挡土墙的整体稳定性，在垫层基础上采用15～20mm水泥砂浆将其稳固，如需要钢筋进行加强稳定，应注意钢筋的位置，并确保混凝土预制块中的钢筋和基层充分对接。其他层进行预制块砌筑时，先清除好已砌筑的挡土预制块上面的垃圾和灰尘，保证顶面清洁，然后进行上层砌筑。在预制块的施工过程中，需要控制各层混凝土预制块的间距，同时应适当控制纵向间隙，从而达到提高边坡的整体稳定性和美观性的要求。在砌筑过程中应确保与预制块的咬合牢固，通过土工布与填筑材料连成整体，并形成抗剪力连接。

（3）预制块内充填耕植土

在预制块内及预制块之间填充种植土，预制块布置完毕后，在预制块内及预制块之间植草。由于草皮的正常生长单靠雨水无法保证，因此在预制块的对侧沟内纵向安装打孔软管，用于浇灌预制块上的草皮。腐殖土回填后，还需要重新夯实并回填至与预制块的同一标高处，以提高绿化面积，并保证回填范围。

6.7.3　混凝土预制板挡土墙

6.7.3.1　混凝土预制板挡土墙主要特点

采用混凝土预制板挡土，并借助自身抗折力或设置帽柱、水平拉杆等，加固于较可靠的基础上，进而形成与锚杆结构保持平衡的挡土构筑物。制作完成后可根据景观设计要求对其表面进行加工或喷涂装饰，形成独特的景观效果。

其中比较常见的施工结构采用锚固式连接，其特点包括结构轻和柔性大。通过水平拉杆来应对土壤的侧压力。使用预制混凝土板进行施工，具有工程量相对较少、造价低的特点，但其施工工艺较复杂，需要较高的施工技术水平要求。适用范围：适用于地基承载力较低的重要工程，墙高可达 27m；多用于大型工程，例如山坡绿化等。

6.7.3.2 主要施工工艺

（1）地基施工

施工之前，应当先对其地基做好处理。如果对于基础设计有特殊要求，则可根据设计要求进行施工，否则按一般情况进行处理。利用推土机或平地机，将地基平整到 1% ～ 3% 的“人”字形横坡用于排水；如基础处在斜坡地段，则分层做成阶梯，既符合铺设筋带的标准条件（允许 1% ～ 3% 的“人”字形横坡），又可以减少路面基体随坡面下滑的趋势；若基底是基岩或风蚀岩石，为保障筋带免遭岩石的损伤，应先铺一个土质保护层，基础在压实处理后也要同样达到地基质量检验系数的规定。

（2）混凝土预制板基础施工

混凝土预制板的基础可与道路基底处理工程同步或提前施工。施工管理的关键点是面板的埋深与地基承载能力计算，地基应有整体层次或分台阶以保证水平；对基本沉降缝，大约 20m 设一道，并仔细测算其基础顶部高度，保证其与墙顶间的标高达到预制板的尺寸要求。依据各种因素要求，部分基础内需要设置钢筋笼形或钢筋混凝土基础，来增加基础的整体性和强度，满足整个挡土墙的需求。同时要根据设计要求，预留好预制板安装槽，宽度及深度应满足设计要求或二次深化设计图纸要求。

（3）混凝土预制板制作及安装

预制样板时最好集中进行，并做好对预制样板的工艺品质管理，在预制过程中应定期检查，重点监控轮廓宽度（长、宽、高及对角线尺寸）、表面平顺性和光滑性。部分样板内应留出泄水洞，保证挡土墙外侧土体的渗透水排出。

预制板施工工艺要点如下。

① 定位、放线、钉桩。根据挡土墙放线坐标、地质情况、竖向标高变化，将挡土墙分段，从挡土墙分段处依板宽弹线，每隔 8 ～ 16m 设沉降缝 1 道，缝宽 2cm，进行放线排布，核对数量与尺寸，切实保证每段挡土墙与预制板长度一致，确保施工顺利进行。

② 安装预制板。从固定端开始向自由端安装，准备好木楔与钢筋头、锚固连接件、拼接插销，做好相应的防腐和防锈处理，并在现场搅拌混凝土备用，其标号与预制板混凝土相同。

③ 吊装前，人工在基础梁预留槽内铺筑与预制板相同标高的混凝土并进行找平，使

用吊车起吊预制板，直接将底部插入预留的基础梁槽内，用木楔挤压并稳定预制板，采用经纬仪及水平尺调整预制板的垂直度、平整度、竖向标高、走向等，使其满足设计及现场安装要求，与相邻预制板的衔接到位，无错台、无漏空等，然后做好相邻预制板的插销的固定。待预制板稳定后，将预制板用锚固件与预埋件进行固定连接，或将预制板顶部预留钢筋与桩顶的钢筋进行点焊连接，经现场检查无误后，将现场拌和的混凝土浇筑在基础预留槽中，并进行夯实，撤出木楔，保持预制板的倾斜度与设计要求一致。检验合格后进行下道工序。

④ 土工格栅。在铺设前，应按照设计要求和设计规范对其进行测试，测试范围包括有效体积、抗拉强度、耐冻融循环性能、抗老化等。存放时，与外界自然隔绝，防止风吹、日晒、雨淋等自然影响。试验铺设时，应当对下一层填充物的高度、平整度、压实度进行检测；试验铺设原则是回裹拉筋与其他拉筋之间不得直接交叉；构造拉筋与承载拉筋之间可以交叉，但不得直接与回裹拉筋进行交叉；拉筋之间应当保持设计规定的填料隔层；各类拉筋的最大承载尺寸不得小于设计要求值，与安装地面的连接插销应当贯穿格栅；拉筋敷设时应当弄直、扯紧，无缩卷、扭结，在尾端用“U”字形插钉紧固。筋材要求接长时，接头强度应当不小于设计抗拉强度；未被填充物完全包覆的筋材，禁止施工车辆在其上行驶，也不得堆放重物，以防止对其造成破坏。

⑤ 反滤层的施工。对于反滤层，最好选择已洗净的砂夹卵石填筑材料，注意控制其中不能存在黏土粒子，以防止阻碍反滤层发挥作用，同时使用小夯机进行反复夯实处理。面层之后则使用人工分层砂浆压实（厚薄由实测决定）；在填筑完成后，表面使用粗砂整平，不能有大颗粒卵石出露。

⑥ 隔水层的填筑。压实后隔水层一般使用2∶8灰土回填，经拌和平整后再分成两层予以填筑后，用振动式压路机和小型夯机进行配合压实，经平压后制成4%的“人”字形的斜坡，两侧高程均与帽石顶部齐平。

6.7.4　混凝土拟石、拟木挡土墙

6.7.4.1　混凝土拟石、拟木挡土墙主要特点

采用混凝土材料仿造景石时，可与周围若干真山石组合形成出一种参差错落、集聚于自然中的假山石景，这些形式既能够挡土以满足功能的需要，也能够让人享受到自然中的山石景观，同时与周边的景观绿地形成天然的联系与照应，构成和谐的统一体。在施工时，还可选择与周围植物相结合的方法，或是在防护挡土墙上贴或喷上拟石的装饰材料，如拟石花岗石、大理石的真石漆等，形成仿石材的墙面效果。

混凝土拟木挡土墙可以更好地体现景观功能，同时能够刻画主题，产生多种不同的质感。不足之处是成本比较高，同时社会上的施工水平质量参差不齐，与预想会产生较大的差别。混凝土拟木挡土墙适合沿道路使用，或土层较为低矮时使用，可以形成更自然的景观环境，与周围的自然环境更进一步协调。

6.7.4.2 混凝土拟木挡土墙主要施工工艺

（1）仿木桩基础施工

按照设计图纸开始放样，完成仿木桩基础的钢筋材料制作安装以及基本模板施工（仿木桩部位基本凹槽构件采用量身定做的钢模实施并刷涂脱模剂），在经质量检验试验合格后完成基础混凝土的浇筑施工，并根据仿木桩基础施工采用合格的产品混凝土建筑材料，所采用的钢筋混凝土等基本原料经现场抽查送检，质量监测试验结果应全部合格。

（2）仿木桩预制及存放

仿木桩预制加工目前有两种方式：一种是直接采用磨具通过一次性浇筑成型，形成木桩纹理，然后喷涂颜色而成；另一种是先进行木桩中混凝土柱体的浇筑，然后对柱体进行二次加工装饰。两者在特点上存在一定差异，前者整体性比较好，但混凝土强度弱，拟木的纹路比较浅，区域表面化；后者强度比较大，纹路较深，效果较好，但成本较高。第二种工艺覆盖了第一种工艺做法。

（3）一次性成型加工模式

仿木桩开始浇筑前，应注意确定钢筋直径尺寸、位置、重量等需满足工程要求，仿木桩规格和混凝土质量标准等均符合工程设计规定。为达到仿木桩挡土墙设计及施工进度的要求，仿木桩应按照工程设计图纸规定的质量、尺寸、直径提前做好。仿木桩的主要材料在料厂按图纸要求进行事先准备，并使用橡胶或树脂材质的仿木桩模型，在事先准备的场地进行混凝土浇筑，完成后再安装在振动平台上振动密实，以使仿木桩的成型质量和混凝土强度均满足工程设计规定，并在仿木桩混凝土强度达到 70% 后方可进行模板拆除。

对于仿木桩，在拆除磨具后，选用氧化铁（或丙烯）进行配色（颜色不同，配色材料和方法不同），对仿木桩进行喷涂或涂刷，应均匀，无遗漏和缺漏部位。在配色凝固和干燥后，再喷涂一道面漆防护剂，起到对木桩装饰色的保护作用，防护剂的选择依据配色方案进行确定。

在仿木桩混凝土质量满足工程规定后，仿木桩混凝土强度达到 100% 时，材料才能通过车辆运往施工现场。在仿木桩吊载、拆卸、堆放后，桩体严禁受到撞击或震动，以防因之损及桩体。仿木桩在运输中，必须按运抵现场前的顺序使用，并要检验仿木桩是否齐全。仿木桩的地面应坚固而平整，一般堆放不宜超过 4 层。

（4）二次加工成型模式

首先，采用一次性加工模式进行混凝土柱体加工，在钢筋混凝土柱的强度达到 70% 后进行拆模。拆模后继续养护，在其强度达到设计要求时，将混凝土桩外表冲刷一遍，检查钢筋混凝土柱体的清洁度和完整性，确保外表湿润但无明水，按照规定配制 SPC 界面剂，搅拌至无水泥颗粒、无沉淀。然后均匀涂刷，不漏涂，以确保仿木装修层与桩体结构黏结良好。再用钢丝网或铅丝网进行包裹，选用彩色 SPC 聚合物水泥砂浆进行装修层的抹灰施工，然后依据仿木桩设计效果对木桩进行纹理的刻画，做树皮、树枝、树节、年轮、劈裂等。在仿木桩表面处理后，用塑料膜覆盖，保持湿润状态养护 7 天，再自然保养 7 天后完成外观处理。如在冬季施工，则采取适当的保温防护措施，确保仿木面层处于 5℃以上的养护环境。

在仿木桩面层养护完成后，对成型的仿木桩外表进行调配、修补、固定，以工艺手段展开加工，并配合调和、配色、造光等技术处理，达到设计要求的仿木桩效果，再对仿木桩进行封闭漆处理，确保仿木桩的效果持久。

（5）仿木桩安装施工

仿木桩安装工程实施前，由检测技术人员按照施工图纸进行检测取样，核查仿木排桩的现场放线情况，并予以标识。仿木桩施工时按设计图规定，从固定桩一侧开始，将仿木桩放置于混凝土基础的预留沟槽内，由专业技术人员检查安装位置、垂直度、平整度、竖向标高等，在都满足设计要求时，用水泥填实仿木桩和基础沟槽之间的缝隙，并浇筑至密实。结合场地的情况和施工条件，可以分段同步施工，每间隔一段距离预先确定一个仿木桩，而后沿仿木桩顶带线安装在仿木桩中间的仿木排桩上，安装方式如上，这样可以较大限度地提高施工效率。

（6）墙后回填土及绿化施工

水泥砂浆的强度在满足工程设计要求后，铺上仿木桩挡土墙后土工布，并尽快用挖掘机或打夯机进行铺地碾压，铺地厚度不得超过 30cm。对于进行回填的土壤应当满足国家有关规定，填筑材料中不能带有泥沙、植物根茎、垃圾、杂物等。墙后土方填筑路基完毕后，适时进行风景园林绿化项目施工建设（图 6.7-1）。

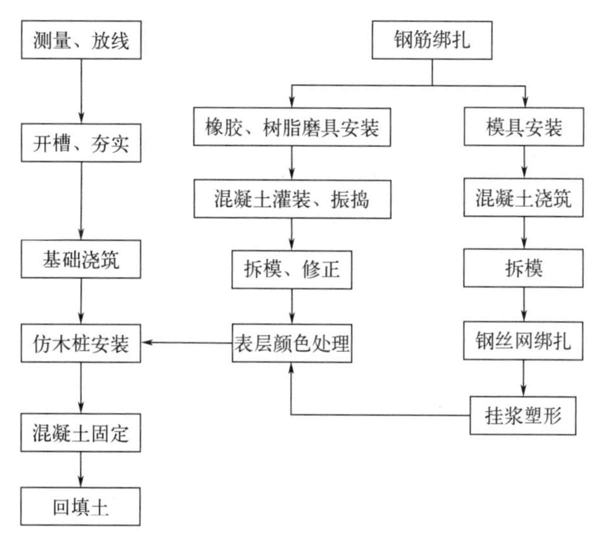

图6.7-1　混凝土拟木挡土墙主要施工工艺

6.7.4.3　混凝土拟石挡土墙主要施工工艺

混凝土拟石挡土墙一般结合砌筑挡土墙、混凝土挡土墙或钢结构进行塑石或拟石材加工处理，形成仿景石或仿石材效果。依其形式分为两种：塑石和拟石材，其施工工艺也存在差异。

（1）塑石挡土墙施工工艺

塑石挡土墙施工工艺见图 6.7-2。

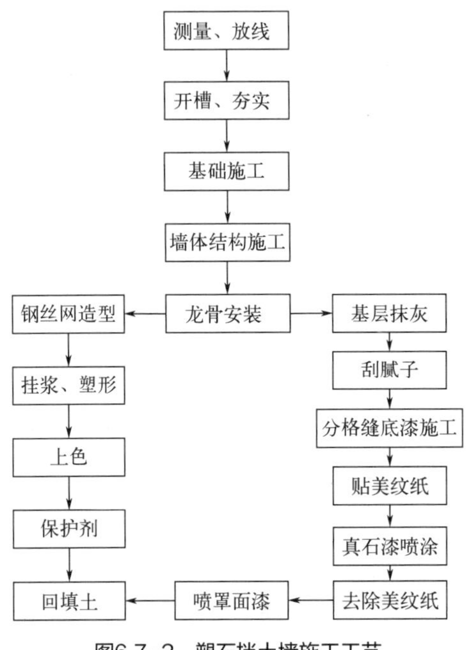

图6.7-2 塑石挡土墙施工工艺

① 挡土结构砌筑。根据图纸进行景石定位的放线、校核，然后按照设计标高进行基槽开挖，进行挡土墙结构的基础浇筑和结构浇筑，具体可详见砖砌筑挡土墙和混凝土挡土墙的结构施工部分。

② 龙骨塑形。在砌筑结构强度达到要求后，按照设计要求进行景石的骨架焊接，焊接过程中，应控制龙骨的布置位置、长短、受力情况等，应满足景石塑形轮廓的需求，营造塑石的层次感和进深感、造型，依据造型优化需求，可在龙骨布置的过程中修正龙骨的长短设置。在龙骨布置完成后，采用 5×5 目镀锌钢丝网固定于布置的龙骨之上，并结合塑石的造型进行松紧、弯折、内凹、外凸等，实现塑石的基本轮廓，并结合效果需求，可局部进行修正和调整，达到需要的轮廓。

③ 混凝土塑石。在钢丝网固定造型完成后，用 1∶2 的水泥砂浆对钢丝网进行刮挂浆施工，挂浆厚度应在 2 ～ 3cm（亦可依据设计要求厚度进行挂浆施工），作业顺序从下而上，从里而外，将整个钢丝网挂满砂浆，无遗漏，形成整个塑石的基本轮廓壳，然后进行洒水养护。在养护强度达到设计要求时，进行二次刮浆施工，此次刮浆厚度一般控制在 3 ～ 5cm，按照景石的效果对砂浆进行造型和表层纹理处理：塑造峰峦、洞穴、山涧、断层、断壁、石质、纹路等，然后从不同角度和距离去观赏其形态和纹理，对不当之处及时进行修补、剔凿、调整，力争塑石的效果达到最佳状态，达到自然景石堆叠

的效果，并与周围环境融为一体。在完成塑石造型后，应及时按照要求进行养护。

④ 塑石着色。塑石纹理完成养护后，在其表层喷涂一层抗碱底漆，隔绝水泥砂浆返碱，然后选用景石基调的耐候户外喷涂用漆（或颜料）进行调色，对其进行喷涂，一般采用多遍喷涂的方式进行，既可保证面层颜色的厚度和附着力，也可保证塑石的景观效果。在颜色喷涂达到设计效果后，在颜色面层喷涂一层保护剂，既可维持塑石的景观效果，也可防止喷涂颜色老化脱落。

⑤ 回填土。塑石完成后，按照要求进行排水系统的设置和回填土的回填夯实，应满足设计效果要求。

（2）拟石材挡土墙施工工艺

拟石材挡土墙一般依附于砌筑挡土墙和混凝土挡土墙，对其进行仿石材的饰面施工，使其表层饰面形成石材的观感和效果，其施工工艺与砌筑挡土墙和混凝土挡土墙的区别就在于面层处理工艺。

① 挡土结构砌筑。挡土墙墙体的砌筑，具体施工工艺参照砖砌筑挡土墙和混凝土挡土墙的施工工艺，完成墙体的砌筑和浇筑。

② 墙体找平。在挡土墙墙体砌筑结束并完成养护后，将墙体清理干净，用水淋湿，然后用 1∶6 的水泥砂浆对墙面进行找平，找平厚度一般控制在 1 ～ 2cm，待强度达到设计要求后，在其上刮防水腻子 1 ～ 2 遍，每道腻子厚度控制在 0.8mm，第二遍腻子需要在第一遍腻子干透后进行涂刷。在腻子干透后进行墙面打磨，调整墙面平整度，平整度控制在 2mm 内，打磨完的浮尘应清理干净，验收合格后方可进行下一步工序。

③ 面层涂料施工。在防水腻子干透后，在腻子表面滚涂一层界面剂，也是抗碱底漆，应滚涂均匀、不漏涂、不漏底。在喷涂完成 4 ～ 6h，经检验合格后进入下一步。

按设计要求对墙面进行分缝，并按分缝的尺寸及宽度在墙面上进行弹线，弹线范围要横平竖直、宽窄一致。采用分缝底漆在弹线范围内涂刷，涂刷范围可适当大于弹线范围，但需要注意涂刷底漆色泽均匀、饱满，不漏底、不起皮，满足效果需求。

在底漆干透后，依据墙体分格大小对墙体进行第二次弹线，弹线要横平竖直、宽窄一致，然后用美纹纸贴在分格缝边线上，美纹纸的边线与二次弹线对齐，不超出、不退缩，同时需要贴得牢固、严密、平直。

真石漆按照设计图纸要求和产品规定的稀释比例进行稀释及配比，充分搅拌，分布均匀；然后用专用喷涂机械进行试喷，调整喷头型号、工作压力、喷涂方式和喷涂快慢，直到满足喷涂效果需求为准。然后开始正式喷涂施工，作业自上而下均匀喷涂，薄厚一致，色泽一致，颗粒均匀，无漏喷、无漏底、无流坠等。一般真石漆喷涂两遍。如出现真石漆喷涂过程中的接头处理等情况，一般以分缝线作为接头分割线，避免同一分隔块内出现色差。如是两种颜色相接，一般等一种颜色干后，再进行另外一种颜色的喷涂，同时需要对第一种喷涂完成的墙面进行成品保护，防止污染发生。同理，与挡土墙相接的其他装饰构件、构筑物框架、图案装饰等均需要进行成品保护，防止被污染。在真石漆喷涂干后，清理真石漆表层的污染和粉尘，表面再喷涂一层防水保护层，以保护整个挡土墙面层。

在表面漆干燥后，用美工刀将美纹纸的固定胶带割开，并将经横向交接处理的竖向美纹纸切断，先清理横向美纹纸，再清理竖向美纹纸。清理的过程中应注意观察美纹纸对墙面的影响，避免出现大块脱落情况。在美纹纸清理完成后，及时对墙面的真石漆进行检查和修补，在确定没有问题的情况下，再对真石漆表面喷涂一层罩面漆，以保护整个墙面的色泽度。喷涂均匀，色泽一致，防止出现流淌等情况。

除真石漆之外，仿石漆、仿石涂料等也能呈现出仿石效果，其施工工艺与真石漆的工艺相近，可将真石漆的施工工艺作为参照进行。

第 7 章

风景园林挡土墙案例分析

结合风景园林挡土墙的分类研究，选取了100个挡土墙实际案例，按照挡土墙的不同类型进行归类分析，将理论与实践相结合，希望能使读者获得更多的感受和启迪。

7.1 石砌挡土墙案例

7.1.1 毛石挡土墙案例

（1）毛石挡土墙案例一

挡土墙类型：毛石挡土墙

挡土墙材质：毛石

施工工艺：浆砌、平缝

环境地点：上海辰山植物园

营造手法：于绿地之中通过挡土墙围合出下沉活动空间和通行空间。

特点分析：采用毛石挡土墙，于绿地之中围合出下沉活动空间及通行空间，结合挡土墙后侧的植物种植的掩映，增加了活动场地的隐蔽性、趣味性、神秘感。挡土墙采用暖色系天然毛石堆砌且未勾缝，丰富了立面的纹理变化，突出了挡土墙的立体感和稳重感，黄色系的毛石环境营造出温馨、惬意、舒适的下沉空间。同时，结合地面的碎石散铺，加上枕木的台阶，共同打造出一个具有生态属性和自然属性的下凹活动空间，同时也遵循了海绵城市设计的理念（图 7.1-1 ～图 7.1-3）。

图7.1-1 下沉空间入口

图7.1-2 下沉通行空间

图7.1-3 挡土墙细部效果

图7.1-4 海南园入口空间

图7.1-5 海南园入口内部空间

（2）毛石挡土墙案例二

挡土墙类型：毛石挡土墙

挡土墙材质：火山岩

施工工艺：湿贴、空缝

地点环境：北京世园公园 - 海南园

营造手法：通过挡土墙营建出具有地域文化特色的海南园入口空间。

特点分析：采用具有海南地域性和文化性的火山岩作为展园入口挡土墙饰面，契合了海南的文化内涵。入口空间采用弧形挡土墙、金属构架、攀缘植物组合，给人以简洁、悠长的感觉，有历史感，而火山岩的孔洞和红色使得入口更具有神秘感。墙体与地面的贝壳形成强烈的对比，衬出墙面的质感和立体感。

在展园出口处，阶梯状的挡土墙里面种植了成排的菖蒲用于模拟水稻，加上人物雕塑、农具设施，形成一幅稻田景观，反映出海南的农业文化。入口与出口之间绿地中种植一株高大的蒙古栎，拔高了整个空间的竖向高度，成为出入口的标志（图 7.1-4 ～图 7.1-7）。

图7.1-6 海南园入口与出口空间

图7.1-7 海南园出口处阶梯挡土墙

图7.1-8 毛石挡土墙周围环境

图7.1-9 毛石挡土墙立面

图7.1-10 毛石挡土墙顶面

（3）毛石挡土墙案例三

挡土墙类型：毛石挡土墙

挡土墙材质：毛石

施工工艺：浆砌、空缝

地点环境：上海辰山植物园

营造手法：通过挡土墙围合出活动休憩场地，满足通行、游憩的功能需求。

特点分析：挡土墙采用从破损山体清理下来的毛石进行砌筑，使得其材质、质感与整个环境协调一致，同时体现出挡土墙用材的属地性。毛石挡土墙的墙面平整度较高，缝隙相对均匀，毛石立体感强，压顶石块平顺，边角线条硬朗顺直，示人以稳重多变、活跃中带有约束。在周围绿色的草地、藤本植物、灌木的绿色相衬下，墙面也给人清凉和厚重感，并与原木坐凳的暖色调形成鲜明对比，不仅增加了景观的层次感，也拉长了整个空间的景深。藤本植物的下垂打破了压顶贯通线条，连通了被墙体隔断的绿色，弱化了墙面的硬冷感，增添了墙面的生机。也使得整个墙体与景观效果融为一体，并有效地增加了景观的层次感和场地空间的景深（图7.1-8 ～图 7.1-10）。

图7.1-11　济南望岳康体公园毛石挡土墙（一）

图7.1-12　济南望岳康体公园毛石挡土墙（二）

图7.1-13　济南望岳康体公园毛石挡土墙（三）

（4）毛石挡土墙案例四

挡土墙类型：毛石挡土墙

挡土墙材质：毛石

施工工艺：浆砌、空缝

地点环境：济南望岳康体公园

营造手法：通过挡土墙的设置，有效解决坡地高差问题，并形成坡地景观。

特点分析：挡土墙采用毛石砌筑，空缝，石材本色灰、黄相间，墙面色彩斑斓，空缝呈网络状，使得整个墙面产生虚实变化，勾勒出多变的图案，弱化了墙面的僵硬和单调，增加了整个墙面的活跃性和跳跃性。墙体前后均为草坪的绿色，与以黄色为主色的墙体形成对比，凸显了墙体的存在。又因墙体前后均为开阔的草坪，无灌木、藤本植物对墙体遮挡，使得墙体更加明显，成为视觉的会聚点，全面展示了墙体的硬质墙面，对前后的坡地景观空间进行了有效的分割，形成台地景观效果（图 7.1-11 ～图 7.1-13）。

图7.1-14　济南牧牛山公园毛石挡土墙（一）

图7.1-15　济南牧牛山公园毛石挡土墙（二）

图7.1-16　济南牧牛山公园毛石挡土墙（三）

（5）毛石挡土墙案例五

挡土墙类型：毛石挡土墙

挡土墙材质：毛石

施工工艺：浆砌、平缝

环境地点：济南牧牛山公园

营造手法：通过挡土墙的设置解决了场地高差问题，同时围合出道路通行和活动场地的空间。

特点分析：采用毛石进行浆砌形成梯台式挡土墙，并围合成树池，为绿化提供种植条件，满足山体生态修复需求。墙面采用抹平缝的方式进行毛石接缝处理，在墙面表层形成变化丰富的纹理，增加墙面的趣味性和稳重性，同时也较好地解决了毛石之间的过渡。挡土墙的材质、纹理同台阶、地面一脉相承，使得整个景观空间保持高度的一致性，更有利于打造整个硬景空间。

挡土墙树池内种植藤蔓植物和枝条柔软的灌木，能够与挡土墙形成搭接和掩映关系，改善了墙面过硬的视觉感受，形成舒适的景观。常绿乔木的种植，有效地遮挡了高处的挡土墙墙面，既弱化了后侧的挡土墙的存在，也保证了冬季的景观效果（图 7.1-14 ～图 7.1-16）。

图7.1-17 烟台某地挡土墙（一）

图7.1-18 烟台某地挡土墙（二）

（6）毛石挡土墙案例六

挡土墙类型：毛石挡土墙

挡土墙材质：毛石、料石、青砖

施工工艺：浆砌、勾缝

环境地点：烟台

营造手法：通过挡土墙围合出道路通行空间和活动空间，同时围合出种植空间。

特点分析：通过梯台式挡土墙解决了场地的竖向高差问题，围合出不同高度活动空间、居住空间、通行空间，并保证了各区域间道路的连通。同时，利用挡土墙后侧种植空间，种植攀缘植物、灌木、乔木，不仅增加了挡土墙的背景，同时攀缘植物弱化了墙面的突兀、僵硬，增加了墙面的色彩变化，改善了墙面的视觉感官。挡土墙饰面采用毛石浆砌并进行勾缝处理，形成具有属地传统民居特点的墙面，更容易融入整个环境。同时，根据空间的功能属性不同，采用不同的墙面和压顶方式进行区分，更好地界定了各自功能区的范围（图 7.1-17 ～图 7.1-20）。

图7.1-19 烟台某地挡土墙（三）

图7.1-20 烟台某地挡土墙（四）

图7.1-21　四川锦门挡土墙案例

图7.1-22　四川锦门挡土墙通行空间视角（一）

图7.1-23　四川锦门挡土墙通行空间视角（二）

（7）毛石挡土墙案例七

挡土墙类型：毛石挡土墙

挡土墙材质：自然毛石

施工工艺：干砌、空缝

环境地点：四川锦门

营造手法：通过挡土墙解决场地的竖向高差问题，并界定活动空间和通行空间的范围。

特点分析：采用梯台式挡土墙界定出不同竖向高度的活动空间、通行空间，并形成台地式景观。在两层活动空间的中间层设置通行空间，让游人近距离地感受不同空间的景色。挡土墙采用毛石干砌，墙体的毛石形状迥异，颜色斑驳，嵌缝深浅多变，并与周围环境形成鲜明对比，成就了挡土墙自身的粗犷稳重、自然而古朴，立体感强，充满自然野趣。墙顶采用灰黑色规则的石材压顶，与墙体在颜色、形状和质感上形成了强烈的视觉反差，有效约束了墙体的粗犷和跳跃，挡土墙后侧植物的种植与墙面相互掩映，弱化了墙面过硬、干燥的视觉感受，增添了景观层次景致，拉长了整个节点的景深（图 7.1-21 ～图 7.1-24）。

图7.1-24　挡土墙细部构造

（8）毛石挡土墙案例八

挡土墙类型：毛石挡土墙

挡土墙材质：毛石

施工工艺：浆砌、空缝

环境地点：昆山植物园

营造手法：采用挡土墙与管理用房结合，将管理用房融入整个环境中，并营造成台地景观。

特点分析：借用场地竖向高差，依山建设管理用房，其外侧与挡土墙相结合，形成梯台式挡土墙，管理用房被隐藏并融合到整个环境中。梯台式挡土墙形成台地式种植池，池内采用规则式植物种植，结合管理用房屋顶上的竹林、岩石裸露的山体，形成具有梯田生产特征的台地景观，也实现了挡土墙前后植物景观的连续性，丰富了整个山体修复的视觉效果。

挡土墙墙面大部分采用山体破损的石块进行堆叠留缝，局部采用浆砌方式，虚实对比明显，凸显出墙面立体感、自然趣味感、粗犷感。墙体的压顶采用水泥罩面，虽然解决了水土流失和管理通行的需求，但在一定程度上弱化了墙面的自然生态属性（图 7.1-25 ～图 7.1-27）。

图7.1-25　昆山植物园挡土墙

图7.1-26　管理用房入口

图7.1-27　挡土细部效果

（9）毛石挡土墙案例九

挡土墙类型：毛石挡土墙

挡土墙材质：毛石

施工工艺：平铺、空缝

环境地点：昆山植物园

营造手法：通过挡土墙有效解决了场地竖向高差问题，围合出活动空间、通行空间。

特点分析：利用毛石的自重和毛石之间的挤压力形成整体护坡饰面，直接铺设于表面夯实的土坡面上，毛石缝隙间播种植物固土，形成嵌草护坡挡土墙，有效保护坡地的稳定性，弱化毛石挡土墙饰面硬度，使其更具有生机活力、自然野趣的特点。同时，毛石与自然碎石排水沟、种植区地面的环保木屑相呼应，共同构建了一个环保生态、自然有趣的坡地景观空间。

图7.1-28　昆山植物园挡土墙（一）

护坡式挡土墙采用天然石块对坡地的基部进行处理，斜坡上部采用放坡处理，并铺设草坪进行固土，以形成较好的坡地景观（图 7.1-28 ～图 7.1-32）。

图7.1-29　昆山植物园挡土墙（二）

图7.1-30　昆山植物园挡土墙（三）

图7.1-31　昆山植物园挡土墙（四）

图7.1-32　昆山植物园挡土墙（细部）

（10）毛石挡土墙案例十

挡土墙类型：石砌挡土墙

挡土墙材质：毛石

施工工艺：干垒、空缝

地点环境：北京世园公园永宁阁东侧花田

营造手法：采用挡土墙的方式抬高整个地形的竖向高度，形成台地花海景观。

特点分析：典型的梯台式挡土墙，通过逐层后退和层层抬高的方式，抬高了场地的竖向高度，成为园区里的制高点，并于山体顶部形成观景平台——菊花台、永宁阁，来俯瞰园区景观，成为整个园区的视觉汇聚点和最佳赏景点。通过梯台式挡土墙于山体上形成梯田台地，每层台地种植不同的观赏植物，能将挡土墙隐藏其中。从底部望去，形成了立体花海景观，具有较强的视觉冲击力。花田内部，结合挡土墙设置游园园路，徜徉于花田之中，更便于游人近距离体验花海景观，融入其中，并成为花海景观里的元素之一。从高空俯瞰整个山坡，曲线造型的挡土墙为山体增加了圆润的大地肌理，流畅、自然，充满了大地艺术感（图 7.1-33 ～图 7.1-36）。

图7.1-33　北京世园公园永宁阁东侧花田（一）

图7.1-34　北京世园公园永宁阁东侧花田（二）

图7.1-35　北京世园公园永宁阁东侧花田（三）

图7.1-36　北京世园公园永宁阁东侧花田（四）

图7.1-37 厦门金榜公园挡土墙（一）

图7.1-38 厦门金榜公园挡土墙（二）

7.1.2 块石挡土墙案例

（1）块石挡土墙案例一

挡土墙类型：块石挡土墙

挡土墙材质：块石、混凝土

施工工艺：干砌、勾凸缝

环境地点：厦门金榜公园

营造手法：通过挡土墙解决了场地的竖向高差问题，围合出通行空间、活动场地空间。

特点分析：结合山体修复，采用挡土墙围合出种植池和道路通行空间，并将不同竖向高度的活动场地连接起来，丰富了山体公园的通行空间和活动空间，也增加了种植空间，通过绿化，不仅丰富了空间的景观层次和竖向高度，也完成了山体公园的生态修复和景观营造。

挡土墙采用块石堆砌，并采用矩形凸缝处理拼缝，在墙面形成变化多样、清晰漂亮的网状线条，凸显出墙面的肌理感。结合墙面上安装的混凝土种植池和凹陷的处理方式，增强了墙面的立体感和艺术构图感。墙面种植池内和墙顶后侧种植的植物与墙面形成掩映关系，将整个墙体掩映在绿色之中，弱化了墙面的硬度，使得墙体与整个环境融为一体，也增加了整个景观空间的层次感（图7.1-37～图7.1-40）。

图7.1-39 厦门金榜公园挡土墙（三）

图7.1-40 厦门金榜公园挡土墙（四）

图7.1-41 杭州天目里园区-下沉空间俯视角度

图7.1-42 杭州天目里园区-下沉空间平视角度（一）

（2）块石挡土墙案例二

挡土墙类型：块石挡土墙

挡土墙材质：块石、毛石

施工工艺：干垒

环境地点：杭州天目里园区 - 下沉空间

营造手法：通过挡土墙围合出地形和种植空间，丰富了整个空间的景观。

特点分析：采用块石和毛石干垒成自由曲线和直线挡土墙，共同围合出种植池和活动空间，并通过微地形的方式提高植物种植高度，增加了下沉空间的观赏面和游览路线，界定了下沉空间的功能区域，为商铺的窗景增色。挡土墙色彩与墙壁颜色相近，也共同营造素雅、清幽的下沉空间。

通行空间侧面，采用毛石沿地形断面砌筑出歇山式的挡土墙，立面平整，线条硬朗。微地形侧面采用曲线形的挡土墙，并过渡到护坡挡土墙，围合出流线型的种植池，给人以自由、舒展感觉。两者共同与空间内孤石雕塑在材质颜色上呼应，让整个空间充满了立体感、艺术感、设计感。微地形上植物既能与挡土墙、建筑墙体呼应，又以墙体为背景，构成一幅立体植物图画，对建筑墙体起到装饰和弱化的效果（图 7.1-41 ～图 7.1-44）。

图7.1-43 杭州天目里园区-下沉空间平视角度（二）

图7.1-44 杭州天目里园区-下沉空间平视角度（三）

（3）块石挡土墙案例三

挡土墙类型：块石挡土墙

挡土墙材质：块石

施工工艺：浆砌、空缝

环境地点：济南望岳康体公园

营造手法：利用梯台式挡土墙的形式解决竖向高差的同时形成台地景观。

图7.1-45 济南望岳康体公园挡土墙（一）

特点分析：采用梯台式挡土墙的形式，将整个空间围合成活动空间、道路通行空间、坡地景观。解决了场地的竖向高差问题，也实现了场地的功能需求。挡土墙采用块石浆砌形成，墙面横缝平整、块石方正、空缝内凹，让整个墙面规则、稳重、立体感强，加上块石颜色不一，布置如同马赛克，弱化了墙面的僵硬和色调单一，让整个墙面更富有活跃和跳跃性。挡土墙前侧用缓坡来处理地形，让挡土墙远离道路，有效压缩了挡土墙的数量和高度，也形成视觉缓冲地带。坡地上种植花海景观，更具有视觉吸引力，让挡土墙作为背景出现，弱化了挡土墙的存在，也抬高了挡土形成的台地的高度，形成视觉上的气势感。

挡土墙前侧的花海景观与两层挡土墙之间的地被种植得平顺、规整，与墙面的横向纹理形成呼应和统一，让整个场地空间比较干净、规整、平顺、通透，而后层观赏草的出现，让整个空间中出现了跳跃，让这个景观空间多了野趣和自然美（图 7.1-45 和图 7.1-46）。

图7.1-46 济南望岳康体公园挡土墙（二）

图7.1-47　厦门铁路公园挡土墙（一）

图7.1-48　厦门铁路公园挡土墙（细部）

图7.1-49　厦门铁路公园挡土墙（二）

（4）块石挡土墙案例四

挡土墙类型：块石挡土墙

挡土墙材质：块石

施工工艺：干砌、空缝

环境地点：厦门铁路公园

营造手法：通过挡土墙解决了场地边界的高差问题，同时围合出通行空间。

特点分析：采用挡土墙与围墙相结合的方式，不仅界定了铁路公园的边界范围，而且较好地解决了场地内外的竖向高差，保证了场地内部游览路线（铁路）、绿化用地平整、通顺。挡土墙采用块石浆砌，表面平整，横向纹理明显，能与墙体基部绿篱种植形成呼应，让整个挡土墙更具有横向延展性；块石间的缝隙和块形变化，让稳重的挡土墙具有了一定的活跃性。墙顶的高度随着地形的变化而变化，与墙顶种植下垂的植物相互掩映，让整个墙面更好地融入整个环境中，让整个景观更和谐（图 7.1-47 ～图 7.1-50）。

图7.1-50　厦门铁路公园挡土墙（三）

图7.1-51 四川美术学院虎溪校区挡土墙（一）

图7.1-52 四川美术学院虎溪校区挡土墙（二）

图7.1-53 四川美术学院虎溪校区挡土墙（三）

（5）块石挡土墙案例五

挡土墙类型：块石挡土墙

挡土墙材质：块石、陶罐

施工工艺：浆砌、密缝

环境地点：四川美术学院虎溪校区

营造手法：结合场地历史文化，通过挡土墙围合出具有地域文化特色的活动空间和通行空间。

特点分析：采用传统民居建筑元素和材质进行组合，并辅以生活器物进行装饰，形成了具有传统民居特色、生活气息、艺术构图和历史厚重感的挡土墙。将中国传统建筑形式的砌石圆拱窗、青瓦漏窗、平整的石材基座、垂直规整的转角石融入挡土墙中，让整个墙体具有了中国传统民居建筑的精髓。水槽、陶土罐、磨盘石等作为中国传统生活中不可或缺的生活器物应用于墙体，将生活气息感带入围合空间，增添了场地的生活艺术美学。在墙体的材质上，以料石为主，辅以毛石、河卵石、烧结砖、水泥块等多种常用的建筑材料，通过色彩对比、造型对比、面层质感对比、虚实进退的对比，形成了材质对比强烈、虚实空间多变、艺术感强的墙体。墙体压顶的断崖式设置，加上墙面的风化和苔藓生长，结合墙后野生式的植物种植方式，更衬托出整个墙体的沧桑感和历史厚重感（图 7.1-51 ～图 7.1-53）。

7.1.3　片石挡土墙案例

（1）片石挡土墙案例一

挡土墙类型：片石挡土墙

挡土墙材质：片石、金属

施工工艺：干砌、空缝

地点环境：上海辰山植物园

营造手法：通过梯台式挡土墙解决了场地竖向高差问题，围合出种植空间和通行空间。

特点分析：通过梯台式挡土墙有效解决了道路与破损山体之间的高差问题，围合出道路通行空间和种植空间，结合金属背景墙、雕塑小品、花境种植，形成主题明显的多层次的花境景观，弱化了挡土墙，也拉开了后侧金属挡土墙与道路之间的距离，减少了挡土墙对行走游人的压抑感。

挡土墙采用片石平铺的方式，形成横向水平纹理，增强了墙体的横向延展性，规整有序。片岩的颜色变化和缝隙变化让整个墙面产生虚实相间、颜色跳跃，打破了墙面的僵硬和闭塞感，让墙面有跳跃性和趣味感。采用梯台式挡土墙解决了单一挡土墙过高带来的围蔽感、压迫感。

梯台式挡土墙种植池内，灌木、地被造型蔷薇的植物搭配结合小品雕塑的布置，将两层种植池之间的植物景观融为一体，形成明显的视觉中心，将游人的注意力吸引到雕塑小品、造型蔷薇上，进而弱化挡土墙的存在（图 7.1-54 ～图 7.1-56）。

图7.1-54　上海辰山植物园片石挡土墙（一）

图7.1-55　上海辰山植物园片石挡土墙（二）

图7.1-56　上海辰山植物园片石挡土墙（三）

图7.1-57　上海辰山植物园片石挡土墙（一）

图7.1-58　上海辰山植物园片石挡土墙（二）

图7.1-59　上海辰山植物园片石挡土墙（三）

（2）片石挡土墙案例二

挡土墙类型：片石挡土墙

挡土墙材质：片石

施工工艺：平铺、空缝

地点环境：上海辰山植物园

营造手法：通过挡土墙围合园路通行空间和植物种植空间，同时起到人流导引作用。

特点分析：沿通行道路空间一侧设置挡土墙，不仅界定了道路的边界，而且营造了挡土墙外侧地形，抬高了植物的种植高度，并与墙体共同形成视线围蔽，引导游人关注挡土墙对面的景观空间。同时，由于高度上的围蔽作用，也将整个景观空间进行了分割，增加了游览路线和观赏面。

挡土墙采用片石砌筑而成，形成横向纹理，增加了墙面的层次感、立体感、延展性；墙身高度的平缓变化让墙体更有灵动性，而墙体倾斜设计，使得人视觉相对开阔、舒适，增加了游人的舒适度。挡土墙与青石路面组合，更能衬托出挡土墙的稳重性。挡土墙与碎石路面组合，衬托出墙体的灵动性。墙体顶部种植的乔木、灌木、常绿植物、球类植物，层次丰富，整体素雅，形成视线遮蔽，将游人视线转移到路对面，进而弱化挡土墙的存在（图7.1-57～图7.1-59）。

（3）片石挡土墙案例三

挡土墙类型：片石挡土墙

挡土墙材质：片石、料石

施工工艺：浆砌、空缝

地点环境：上海辰山植物园 - 矿坑花园

营造手法：通过挡土墙解决场地竖向高差问题，围合成具有休憩功能的景观空间。

特点分析：采用梯台式挡土墙，将山体的竖向高差分解成多层台地，围合出植物种植池、通行空间、活动空间，通过在种植池内进行植物种植，完成了破损山体的生态修复，并结合设置休憩坐凳，共同营造出景观层次丰富、色彩鲜明的休憩空间。

挡土墙采用片石砌筑而成，横向纹理给人以稳重感和层次感，也压低了挡土墙的视觉感受的高度，减弱了挡土墙对游人视觉上的压迫感，取而代之的是舒适感和安全感。墙面斑驳的颜色让其充满了变化和自然野趣。

墙体后侧植物种植采用了地被 + 灌木 + 乔木的复式种植结构，色彩丰富，结合挡土墙形成空间围蔽感，为整个休憩环境带来了舒适和清爽，也弱化了后侧的挡土墙的存在。防腐木坐凳充当了景观空间的前景，加深了景深，也弱化了游人对挡土墙的关注度（图 7.1-60 ～图 7.1-62）。

图7.1-60　上海辰山植物园-矿坑花园片石挡土墙（一）

图7.1-61　上海辰山植物园-矿坑花园片石挡土墙（二）

图7.1-62　上海辰山植物园-矿坑花园片石挡土墙（三）

图7.1-63 昆山植物园片石挡土墙（一）

图7.1-64 昆山植物园片石挡土墙（二）

（4）片石挡土墙案例四

挡土墙类型：片石挡土墙

挡土墙材质：片石

施工工艺：平铺、空缝

地点环境：昆山植物园

营造手法：通过挡土墙的设置，界定了道路边缘和种植空间，也对人流起到引导作用。

特点分析：沿道路一侧设置挡土墙，不仅解决了场地的竖向高差问题，围合出道路通行空间和植物种植空间，而且界定了道路的边界，对人流起到管控和引导的作用。片石的横向纹理具有层次感和横向延展性，在人的视觉内，横向延展矮化了挡土墙。斑驳的颜色和缝隙打破了墙面的僵硬，使得墙面富有变化。

墙顶部的地被、灌木枝条下垂，与墙顶形成掩映，弱化了墙顶的边线。地被、灌木与乔木搭配成层次丰富的植物组团，形成较好的围蔽感，成就了道路和场域的景观空间。在道路转弯处、场地中心点种植孤植树或点景树，更有利于成为视觉的焦点，吸引人的注意力，转移了对挡土墙的关注，弱化了挡土墙的存在（图 7.1-63 ～图 7.1-66）。

图7.1-65 昆山植物园片石挡土墙（三）

图7.1-66 昆山植物园片石挡土墙（四）

（5）片石挡土墙案例五

挡土墙类型：片石挡土墙

挡土墙材质：片石

施工工艺：干砌、空缝

地点环境：上海桃浦中央绿地

营造手法：通过片石挡土墙解决场地竖向高差问题，界定了通行空间的范围。

图7.1-67　上海桃浦中央绿地片石挡土墙

特点分析：在道路边缘砌筑挡土墙，不仅解决了通行空间比相邻绿地高的问题，而且界定了道路通行空间的边界范围，并对道路上的人群、车辆通行起到安全防护功能，避免其冲出道路，进入绿地内的坡地，发生危险。挡土墙的高度符合人体工程学坐姿高度，其压顶扁平、整洁，充当了休憩设施——坐凳，满足游人休憩需求。

挡土墙采用片石进行干砌，形成水平纹理，给人以次序感。片石的颜色、片石之间的缝隙、片石的凹凸让整个墙面产生虚实变化，更富有自然野趣。墙体顶部采用片石压顶，平整、干净且精致，并与墙体后面的绿篱在形式上保持一致，使得挡土墙与绿化能够融为一体。墙体与洗米石地面在饰面材质、形状、颜色、质感上形成明显的反差，凸显了挡土墙的厚重感，也凸显了通行道路的围界（图 7.1-67 和图 7.1-68）。

图7.1-68　上海桃浦中央绿地片石挡土墙细部

图7.1-69 北京市通州区某售楼处水系驳岸（一）

图7.1-70 北京市通州区某售楼处水系驳岸（二）

图7.1-71 北京市通州区某售楼处水系驳岸（三）

（6）片石挡土墙案例六

挡土墙类型：片石挡土墙

挡土墙材质：灰色片石

施工工艺：湿贴、空缝

地点环境：北京市通州区某项目售楼处

营造手法：用片石挡土墙作为池底和驳岸，形成精致的水系。

特点分析：采用片石挡土墙作为水池池壁，不仅达到了水系的功能、造型、景观效果，同时界定了水系的边线和种植空间。挡土墙结合植物种植、景石置石、叠水、道路铺装，共同营造了环境幽雅、富有动感和意境的售楼处前场景观空间。

挡土墙采用灰色片石竖向立砌，形成与水系方向相同的拼缝纹理，加上局部的石材跳色，形成具有水系导向的铺装，并与水面和水流方向相吻合，不仅增加了驳岸的肌理感和纵向纹理，也增强了墙面的立体感，突出了水系的精致，给人以宁静、淡雅、放松的意境。驳岸局部采用灰色景石进行造景，既保持了色调上的统一，又破除了驳岸的单调，增加了驳岸的变化。

水系驳岸两侧采用精致的瓜子黄杨进行围合，与驳岸形成掩映关系，将挡土墙顶部隐藏于绿篱之中，较好地处理了水系收边。再结合水系周围种植的其他特选的植物品种，共同营造出一个精致、静谧、舒适的水景景观空间（图 7.1-69 ～图 7.1-71）。

7.1.4　料石挡土墙案例

（1）料石挡土墙案例一

挡土墙类型：料石挡土墙

挡土墙材质：料石

施工工艺：干垒、空缝

环境地点：济南市中央商务区

营造手法：通过挡土墙解决了场地竖向高差问题，围合出活动场地与种植空间。

特点分析：通过挡土墙解决了不同活动场地之间的高差问题，形成立体种植空间，并通过植物种植，将活动空间、通行空间进行有效的界定，增加了整个空间的层次感和立体感。通过合理地设计挡土墙，将其控制在人体工程学坐姿高度，使得挡土墙兼具休憩设施的功能。

挡土墙采用大体块料石堆叠而成，给人以厚实、沉重、气势感，加上暗红色，让石头充满了古朴、历史感。蘑菇石的立面，纹理自由奔放，图案变化多端，富有立体感。而料石的顶面和底平面采用自然拉丝面，既满足堆叠砌筑的要求，也满足作为休憩设施坐面的需求，更能让整个料石在平面上纹理平整有序，粗犷之中带有条理和精致（图 7.1-72 ～图 7.1-74）。

图7.1-72　济南市中央商务区料石挡土墙

图7.1-73　济南市中央商务区料石挡土墙细部

图7.1-74　济南市中央商务区料石挡土墙顶部细节

（2）料石挡土墙案例二

挡土墙类型：料石挡土墙

挡土墙材质：细料石

施工工艺：湿贴、密封

环境地点：济南市奥体西路

营造手法：通过挡土墙的方式解决了商业街前广场与人行道之间的竖向高差问题，并界定了各自的使用范围。

特点分析：采用种植池与挡土墙相结合的形式，依据商业街与人行道的高差进行竖向设计，既解决了人行道与商业前广场的竖向高差问题，又对两者的活动空间进行了界定，并通过绿篱和乔木的种植，进一步加强商业街空间与道路空间的分割，避免了两者之间人流的交叉，实现了各自的既定功能。有助于商业街前广场人流的管控和引导，减少了人行道路上人流对商业街人流的干扰和影响，增加了商业街前场的安全感和舒适感，减慢了商业街游人的节奏，有利于商业街的打造和使用。

树池立面采用光面黄锈石，局部采用内凹线槽造型，增加了立面上的变化，避免立面的单调与僵硬，同时，也能凸显出压顶的厚度，给人以稳重大气、敦实精致的感觉。配合规整的绿篱和整齐的银杏，衬托出挡土墙的规整及气势感，同时也满足道路绿化要求（图 7.1-75 和图 7.1-76）。

图7.1-75 济南市奥体西路料石挡土墙

图7.1-76 济南市奥体西路料石挡土墙细部

（3）料石挡土墙案例三

挡土墙类型：料石挡土墙

挡土墙材质：细料石

施工工艺：湿贴、密封

环境地点：济南市历城区某居住区

营造手法：采用细料石砌筑成草阶，并形成视野开阔的下沉草坪活动空间。

特点分析：通过细料石的砌筑形成多层草阶，并通过逐级降低的方式围合成有边界感的内凹草坪空间，既解决了场地的竖向高差问题，形成下凹绿地，满足城市海绵功能的需求，又实现其使用功能和观赏功能，同时能够衬托出草坪边上景观构筑物的视觉高度。料石不仅界定了每一层级的草坪范围，而且起到了对草坪收边的装饰作用，让整个草坪空间显得更为精致。

挡土墙采用细料石堆叠而成，依据空间的外轮廓设置，分布均匀，给人一种秩序感、韵律感和精致感，局部通过改变草阶的宽度和造型，增加草阶的灵动性。草阶转角处种植灌木和植物组团，不仅破除了草坪空间的单调，而且增加了草坪空间的景观层次，同时解决了景观构筑物的立面装饰效果，丰富了动线上人视觉景观效果的变化（图 7.1-77 ～图 7.1-79）。

图7.1-77　济南市历城区某居住区草阶（一）

图7.1-78　济南市历城区某居住区草阶（二）

图7.1-79　济南市历城区某居住区草阶（三）

（4）料石挡土墙案例四

图7.1-80 上海亩中山水园水系驳岸（一）

挡土墙类型：细料石挡土墙

挡土墙材质：细料石

施工工艺：嵌挤

环境地点：上海亩中山水园

营造手法：采用细料石，通过艺术手法布置形成艺术驳岸挡土墙。

特点分析：料石通过镶嵌的方式形成水池池壁挡土墙，解决了水系池底与两侧种植土的竖向高差问题，形成了艺术感强、精致的水系驳岸，同时界定了水系两侧的种植空间，并为其起到了装饰作用。细料石加工得方正、光滑，给人以规整、规矩的感官，通过艺术构图的排布方式，细料石高低起伏有序，迎水面进退多变，形成艺术构图的景观效果，也让整个驳岸具有简洁大气、灵动多变的特点。

驳岸边上采用鸢尾、旱伞草、肾蕨等地被植物，与料石的驳岸进行相互掩映，既能衬托出驳岸的精致、硬朗，也能衬托出植物的柔软，让驳岸融入整个景观环境中（图 7.1-80 和图 7.1-81）。

图7.1-81 上海亩中山水园水系驳岸（二）

（5）料石挡土墙案例五

挡土墙类型： 细料石挡土墙

挡土墙材质： 细料石

施工工艺： 湿贴、勾缝

环境地点： 济南市全福河历下段

营造手法： 挡土墙以树池的形式进行设计，围合出不同功能空间，丰富了现场的竖向变化。

特点分析： 挡土墙与植物种植池相结合，将场地围合出不同的空间，丰富了场地的景观功能。同时，通过种植池的围合及地形的营造，提高了场地的竖向标高，丰富了场域的竖向层次感。在树池内的地形中选用灌木、乔木搭配，彩叶树和常绿树种搭配，保证了树池内植物的四季有景可观，同时也增强了对每个空间的围蔽感，增加了空间的景深。道路穿行其间，如同谷底穿行，给人以包裹感、舒适放松感。

挡土墙采用整块细料石进行造型，给人一种稳定、气势、整洁感，加上灰色胶勾缝，让石材具有立体感和块状感，而倾斜设计弱化了对视线的压迫感，增强了墙面的延伸感。双层池壁交叠和拉开的设计手法，让树池的立面产生高低变化，增加墙面的灵动性和层次感。同时，种植池立面与地面的碎拼铺装形成视觉对比，更能衬托出种植池的精致（图 7.1-82 ～图 7.1-84）。

图7.1-82 济南市全福河历下段（一）

图7.1-83 济南市全福河历下段（二）

图7.1-84 济南市全福河历下段（三）

图7.1-85 北京世园公园主入口挡土墙（一）

图7.1-86 北京世园公园主入口挡土墙（二）

（6）料石挡土墙案例六

挡土墙类型：料石挡土墙

挡土墙材质：细料石

施工工艺：湿贴、勾缝

环境地点：北京世园公园主入口

营造手法：挡土墙界定出道路铺装边界，围合出种植空间。

特点分析：道路铺装边缘采用雕刻的祥云纹样石材作为铺装收边，造型独特，精致流畅，围合出三块种植空间，与地面铺装的流水纹共同构成了“一池三山”的传统园林模式，展示了中国传统园林的精髓和意境美。云纹、水纹与种植空间中的油松、牡丹共同构建了水雾云松、花开富贵、笑迎八方客的园林意境，也应了“百松云屏”的景点题名。

用祥云纹石材作为挡土墙，边缘凹凸有致，与绿地的地被种植相互融合，更好地融入绿化之中，解决了铺装与绿化之间的交接问题，也成为每个种植岛屿的精致边界，并成为园区大门入口的景观亮点（图 7.1-85 ～图 7.1-88）。

图7.1-87 北京世园公园主入口挡土墙（三）

图7.1-88 北京世园公园主入口挡土墙细部

（7）料石挡土墙案例七

挡土墙类型：料石挡土墙

挡土墙材质：黑色细料石

施工工艺：干砌、密缝

环境地点：北京世园公园采菊台

营造手法：挡土墙采用与地形相结合的形式，塑造了植物坡地景观，成为道路端部对景节点。

特点分析：挡土墙采用与地形相结合，形成了半包围式的花池。迎路面采用坡地形式，以弧形、内凹形充满变化，以缓坡进行处理，形成一个对道路端部缓冲和围合的空间，结合地被菊、造型油松、景石，形成松、菊、石典型的搭配，成为道路终端对景。背路面采用光面和微自然面的黑色料石叠加而成的挡土墙，显示出一种稳重、精致、层次分明的台阶。每层石材都具有自己独特的外形轮廓，层与层之间均有变化，立面更具有灵动性和多变性，充满了艺术感和设计感。

挡土墙周围地面采用花岗岩和鹅卵石拼接成菊花绽放图案，与挡土墙形成了鲜明的对比，更凸显出挡土墙的精致、细腻、品质感、高级感。同时，挡土墙的石材又能与地面的黑色卵石在色彩上呼应，使得挡土墙的黑色石材与地面产生关联，而非孤立于此（图 7.1-89 ～图 7.1-92）。

图7.1-89 北京世园公园采菊台挡土墙（一）

图7.1-90 北京世园公园采菊台挡土墙（二）

图7.1-91 北京世园公园采菊台挡土墙（三）

图7.1-92 北京世园公园采菊台挡土墙（四）

（8）料石挡土墙案例八

挡土墙类型：料石挡土墙

挡土墙材质：料石

施工工艺：干垒、密缝

环境地点：北京世园公园植物馆东路东侧排水沟

营造手法：采用挡土墙与排水沟驳岸相结合，形成富有创意的驳岸和景观节点。

特点分析：采用整块料石沿坡地和河岸干砌成挡土墙，并依据水渠的轮廓和地形设置，或直或曲，与水的流动方向相平行，给人以稳重、大气、有动感的感觉。在处理驳岸的过程中，采用分层、错位叠加等方式，增加了驳岸的艺术感和灵动感，避免了驳岸的单调与僵硬。在重要节点，挡土墙与雕塑小品相结合，节点的景观更有层次感、艺术感和趣味性。挡土墙前后的观赏草、灌木与挡土墙产生相互掩映和遮蔽，使得挡土墙与绿化环境更好地相融合，同时形成了软硬景对比、虚实对比、色彩对比，增加了景观的景深。

驳岸料石采用灰色条石，宁静、清爽，斧斩面的自然面和水平横向纹理，让料石能够与水渠相融合，斧斩面的水平纹理与水面相呼应，契合了不同水位对石头的冲刷印记，更具有自然野趣（图 7.1-93 ～图 7.1-96）。

图7.1-93　北京世园公园植物馆东路东侧排水沟挡土墙（一）

图7.1-94　北京世园公园植物馆东路东侧排水沟挡土墙（二）

图7.1-95　北京世园公园植物馆东路东侧排水沟挡土墙（三）

图7.1-96　北京世园公园植物馆东路东侧排水沟挡土墙（四）

图7.1-97 北京世园公园九州花境东侧休憩空间（一）

图7.1-98 北京世园公园九州花境东侧休憩空间（二）

（9）料石挡土墙案例九

挡土墙类型：料石挡土墙

挡土墙材质：细料石

施工工艺：干垒、密缝

环境地点：北京世园公园九州花境东侧

营造手法：通过挡土墙解决了主干路路旁绿化地形的塑造问题，也形成具有特色的休憩空间。

特点分析：挡土墙设置在园路的交汇处，并与地面铺装、雕塑相结合，形成一个充满艺术感的半围蔽的休憩空间，既解决了各方向人流汇集与分散的问题，又结合梯台式设计，为周围活动场地提供休憩设施和空间，并成为雕塑的背景墙，衬托雕塑的精美。挡土墙围合出其后侧的地形塑造空间，为其主路的绿化地形的塑造、植物搭配提供了一个立体的竖向基底。

该挡土墙用细料石依照菱形断面整石加工，并按照台阶的方式进行堆叠，形成了灰色的台阶式挡土墙，给人以稳重厚实、宁静清凉、大气之感。层层后退的设计，让墙体立面富有变化，弱化了对视线的压迫感，增加了场地空间的舒适度。其每一层的设置也符合人体工程学高度，可以充当休憩设施。同时，利用周围高大乔木的遮阴，形成一个绝佳的休憩场所（图 7.1-97 ～图 7.1-100）。

图7.1-99 北京世园公园九州花境东侧休憩空间（三）

图7.1-100 北京世园公园九州花境东侧休憩空间（四）

（10）料石挡土墙案例十

挡土墙类型：料石挡土墙

挡土墙材质：细料石

施工工艺：干垒、密缝

环境地点：杭州白塔公园

营造手法：通过挡土墙解决了场地的竖向高差问题，围合出通行空间、活动场所和种植空间。

特点分析：通过梯台式挡土墙与路牙石、围栏、台阶相结合的方式解决场地的竖向高差问题，围合出通行空间和种植空间，并保证不同场地之间的连通。在种植空间进行植物种植搭配，对挡土墙起到了装饰遮挡和弱化作用，让其更好地融入整个环境之中。

挡土墙采用整块料石平铺而成，大气、浑厚、敦实，菠萝面让整个饰面富有纹理和凹凸变化，打破了料石面的僵硬感。采用曲线和直线相结合的方式对挡土墙进行设计，让挡土墙和种植空间的边缘线具有灵动性和变化性。挡土墙后侧的种植空间采用樱花（红枫）+杜鹃+地被的搭配形式，植物比较饱满、自然，形成较强的围蔽感，遮挡高处的挡土墙和硬质空间。在挡土墙前侧及低处采用疏林草，干净清爽、视野通透，局部种植杜鹃可对挡土墙进行装饰和弱化，依靠其花色形成较好的视觉冲击，成为景观视觉观赏点，转移游人对挡土墙的关注（图 7.1-101 ～图 7.1-104）。

图7.1-101 杭州白塔公园挡土墙（一）

图7.1-102 杭州白塔公园挡土墙（二）

图7.1-103 杭州白塔公园挡土墙（三）

图7.1-104 杭州白塔公园挡土墙细部

7.1.5　石材饰面挡土墙案例

（1）石材饰面挡土墙案例一

挡土墙类型：石材饰面挡土墙

挡土墙材质：黄色板岩、砖、混凝土

施工工艺：石材湿贴、空缝

环境地点：北京世园公园 - 山西园

营造手法：通过挡土墙围合出不同的景观空间、通行空间，并形成台地园林景观。

特点分析：采用梯台式挡土墙的形式，围合出下沉功能空间和通行空间，并形成台地景观，增加了场域的层次感和空间感，在一定程度上还原了山西黄土高原上的大地景观肌理——梯田。同时，园路贯通了不同高度上的景观功能空间，增加了展园的游览路线，多角度展示山西园。

挡土墙的立面上采用自然面的黄锈石板岩横向粘贴，给人以自然古朴的粗犷野趣和自然之美，横向纹理让整个墙面产生了立体感和层次叠加感。芝麻灰石材的压顶，起到了立面石材到草坪的过渡，也让每层台地更加明显和富有层次性（图 7.1-105 ～图 7.1-108）。

图7.1-105　北京世园公园-山西园（一）

图7.1-106　北京世园公园-山西园（二）

图7.1-107　北京世园公园-山西园（三）

图7.1-108　北京世园公园-山西园（四）

图7.1-109　西安曲江寒窑遗址公园挡土墙（一）

图7.1-110　西安曲江寒窑遗址公园挡土墙（二）

图7.1-111　西安曲江寒窑遗址公园挡土墙（三）

（2）石材饰面挡土墙案例二

挡土墙类型：石材饰面挡土墙

挡土墙材质：板岩片石、金属、混凝土

施工工艺：浆砌、空缝

环境地点：西安曲江寒窑遗址公园

营造手法：通过梯台式挡土墙解决了场地高差问题，形成主题鲜明的文化墙。

特点分析：采用梯台式挡土墙，有效解决侧崖壁的僵硬感和压迫感，使得整个墙面进退有序、层次分明、艺术构图完整、气势感十足。墙面的横向纹理让整个墙面产生横向延展性，墙体颜色斑驳变更有活跃感和跳越感。墙体表面红色雕塑用陕西剪纸艺术和现代浮雕艺术手法来讲述世界文明史上的爱情故事，既具有传统文化，又有爱情故事的演绎。红色作为中国传统吉祥色，用在这里更能凸显出公园主题，起到点题作用。墙体表面的红色雕塑、白色主题字，与墙体在材质、颜色上形成对比，使得雕塑更为突出和立体，能够吸引游人的注意力，加上整个雕塑和墙面的尺度高大，给人以较强的视觉冲击力。

挡土墙的种植池内种植灌木球类和绿篱，破除了墙面的僵硬感，为墙体增加了生机和活力，也丰富了墙面的艺术构图，而墙顶的乔木种植拉高了整个空间的竖向高度，加强了整个空间的围蔽感（图 7.1-109 ～图 7.1-111）。

图7.1-112　北京世园公园隆庆街（一）

图7.1-113　北京世园公园隆庆街（二）

图7.1-114　北京世园公园隆庆街流水挡土墙

（3）石材饰面挡土墙案例三

挡土墙类型：石材饰面挡土墙

挡土墙材质：板岩片石、细料石、玻璃栏板

施工工艺：湿贴、空缝

环境地点：北京世园公园隆庆街

营造手法：围合出主干路通行空间和建筑空间，并形成水景景观节点。

特点分析：挡土墙解决了建筑与场地竖向高差的问题，并将整个空间围合成主路通行空间和建筑空间。建筑南侧，水景、树池、挡土墙与台阶围合出通行空间，两侧布置了对称式水景，通行空间端部正对建筑山墙青瓦图案，使得该通道具有强烈的仪式感，水景为仪式感增添了灵动性、活跃性，增加了景深。沿主干路一侧，挡土墙上采用线性水景和玻璃栏板设计，形成集安全防护、挡土、水景为一体的挡土墙，水景为整个墙面增加了线性和柔性美，也为墙体增加了动感；而玻璃栏板的设置在满足安全防护的基础上，降低了实体墙的高度，弱化了墙体对人视线的压迫感，增加了街道的通透性。

挡土墙采用青石板岩、黄石板岩作为饰面，源于延庆地区传统民居中颜色搭配，形成色彩斑驳的墙面，更具有地域特色、自然趣味。灰色的压顶石，使得整个墙面趋于宁静，同时与台阶石、水景的水池、出水槽保持材质、色彩、工艺的一致性，保持了硬质景观的和谐统一（图 7.1-112 ～图 7.1-114）。

（4）石材饰面挡土墙案例四

挡土墙类型： 石材饰面挡土墙

挡土墙材质： 板岩片石、金属、混凝土

施工工艺： 湿贴、密缝

环境地点： 北京世园公园 - 河南园

营造手法： 挡土墙与水景结合，围合出种植空间与下沉活动空间。

特点分析： 挡土墙采用与水景相结合的方式进行设计，在下沉空间中围合出种植池，确保展园入口空间的竖向高度，并界定了后场下沉空间的边界，同时形成叠水景墙。种植池及其内的乔木和灌木组成植物组团，将入口空间和后场展示空间分割围蔽，既保证了前场景观有背景，后场空间更神秘，也更具有吸引力，同时形成丰富的天际线变化。

挡土墙采用细料石拼接的文化石作为饰面，凹凸有致，既解决了挡土墙弧形安装问

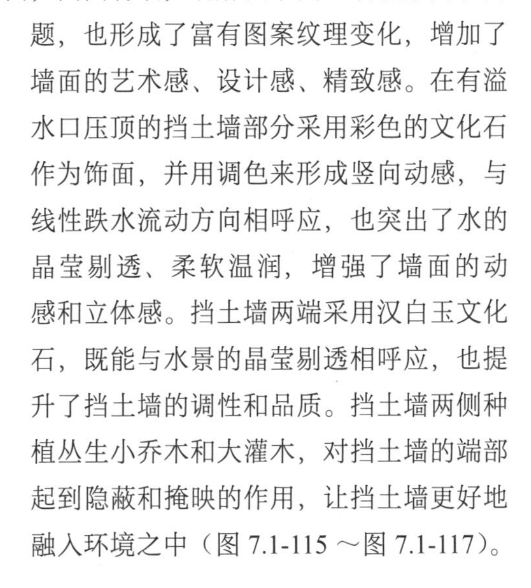

题，也形成了富有图案纹理变化，增加了墙面的艺术感、设计感、精致感。在有溢水口压顶的挡土墙部分采用彩色的文化石作为饰面，并用调色来形成竖向动感，与线性跌水流动方向相呼应，也突出了水的晶莹剔透、柔软温润，增强了墙面的动感和立体感。挡土墙两端采用汉白玉文化石，既能与水景的晶莹剔透相呼应，也提升了挡土墙的调性和品质。挡土墙两侧种植丛生小乔木和大灌木，对挡土墙的端部起到隐蔽和掩映的作用，让挡土墙更好地融入环境之中（图 7.1-115 ～图 7.1-117）。

图7.1-115　北京世园公园-河南园（一）

图7.1-116　北京世园公园-河南园（二）

图7.1-117　北京世园公园-河南园（三）

（5）石材饰面挡土墙案例五

挡土墙类型：石材饰面挡土墙

挡土墙材质：黄板岩、青板岩、砌块

施工工艺：湿贴、空缝

地点环境：北京世园公园 - 河南园

营造手法：通过挡土墙围合成展园入口空间、通行空间、下沉空间。

特点分析：采用挡土墙将空间围合成展园入口空间、后场下沉空间以及连接两者的通行空间，并通过挡土墙、铁艺廊架、植物搭配组团对内部下沉空间进行围蔽，使视线难以穿透，增加了展园内部空间的隐蔽性和神秘性，更能吸引游人进入参观。

挡土墙采用黄板岩、青板岩作为装饰饰面，形成色彩斑驳的墙面，充满了自然感和艺术感。板岩之间的缝隙让墙面产生虚实变化，增加了墙面的立体感和肌理感，曲线形的设计，给人以横向无限的延展感。通行空间 S 形曲线设计，加上两侧多层次的植物搭配组团，形成了较强的视线围蔽，让游人感受通行空间的悠长和宁静，也起到欲扬先抑的作用，为后面进入开阔的空间埋下伏笔。通行空间中部，采用挡土墙、廊架、攀爬植物相结合的方式作为空间界定的标志，起到提示游人将从入口空间进到内部展园的作用（图 7.1-118 ～图 7.1-120）。

图7.1-118　北京世园公园-河南园（四）

图7.1-119　北京世园公园-河南园（五）

图7.1-120　北京世园公园-河南园（六）

（6）石材饰面挡土墙案例六

挡土墙类型：石材饰面挡土墙

挡土墙材质：细料石

施工工艺：湿贴、勾缝

环境地点：北京世园公园 - 日本园

营造手法：通过挡土墙解决了展园内部与道路之间的高差，并围合成下沉庭院展园。

特点分析：通过挡土墙解决了展园内部与道路之间的竖向高差问题，同时也围合出日本园的入口空间、展园边界、内部庭院空间，并形成树池，其内种植圆柏并修剪成为绿篱，与挡土墙结合形成庭院围墙，隔绝了展园外侧空间的干扰，围合出一个具有禅意、幽静、肃穆的内园空间。场地入口采用下沉台阶和下沉广场的方式，两侧栽种规则的绿篱，形成一个仪式感、庄重感比较强的入口空间，同时由于圆柏的围合比较密实，防止园外视线的穿透性，也增加了内园的神秘感，吸引游人进入内部。

图7.1-121 北京世园公园-日本园入口（一）

挡土墙采用黑色料石作为饰面，让整个环境显得庄重、大气，横向勾缝衬托出挡土墙的稳重。立面采用蘑菇面，纹理自由、凹凸有致，打破了面层的僵硬感，增加了墙面的质感和光影变化。地面石材周边采用黑色碎石，有效地解决了地面石材与墙面的蘑菇面的过渡问题（图 7.1-121 ～图 7.1-123）。

图7.1-122 北京世园公园-日本园入口（二）

图7.1-123 北京世园公园-日本园入口（三）

（7）石材饰面挡土墙案例七

挡土墙类型：石材贴面挡土墙

挡土墙材质：细料石、真石漆、混凝土

施工工艺：湿贴、密封

环境地点：济南市历下区全福河历下段景观公园

营造手法：通过挡土墙的设置围合出通行园路和活动场地，形成远眺的观景空间。

特点分析：典型的台阶式挡土墙，通过挡土墙解决了活动场地与园路的竖向高差问题，并形成了后退的台地园林，减弱了挡土墙对人的视觉阻挡而形成的压迫感，增加了在园路上行走时的舒适度，同时，由于通行空间设置于高处，使得园路成为观景通道。

在饰面的选择上，充分考虑了挡土墙的效果和经济性，在近人尺度选用了黄锈石荔枝面和蘑菇面作为饰面，彰显了石材的质感、颗粒感、光影变化，又增加了墙面的灵动性和韵律感。芝麻灰石材压顶的设置，增加了墙面的精致感和宁静感。后侧挡土墙采用真石漆勾缝处理，使得墙体具有肌理感和立体感，能与其他挡土墙融为一体。

台地种植池内的栾树和樱花采用列植的方式，与园路走向相呼应，形成园路的行道树，底部栽种草坪，干净、整洁、通透。挡土墙顶部种植灌木，与挡土墙形成掩映关系，使得挡土墙与环境能够较好地融为一体（图 7.1-124 ～图 7.1-126）。

图7.1-124　济南市历下区全福河历下段景观公园（一）

图7.1-125　济南市历下区全福河历下段景观公园（二）

图7.1-126　济南市历下区全福河历下段景观公园（三）

（8）石材饰面挡土墙案例八

挡土墙类型：石材饰面挡土墙

挡土墙材质：细料石、混凝土

施工工艺：湿贴、密封

环境地点：江苏省金鸡湖风景区

营造手法：通过挡土墙围合，形成弧形下层空间，为观赏音乐喷泉提供场地。

图7.1-127　江苏省金鸡湖风景区挡土墙（一）

特点分析：典型的梯台式挡土墙，通过多层挡土墙设计，降低每层挡土墙的高度，也形成了台地空间，让挡土墙层层后退，形成层次感，缓解了墙体形成的视觉压迫感。挡土墙按照 400 ～ 500mm 的高度设计，符合休憩坐凳的需求，也满足场地对休憩设施的需求。挡土墙采用弧形设计，使得整个下沉空间具有向心性和围合性，利于视线汇聚于湖面上喷泉位置，形成喷泉观赏的最佳观赏场所。地面上采用防腐木与石材相间的铺装方式，既能与挡土墙饰面相呼应，又能与挡土墙石材形成纹理、质感、色彩对比，打破了整个空间硬质景观材质的单调和僵硬感，让整个空间产生视觉变化，增加了整个空间的色彩感。

考虑到观赏喷泉和游人休憩时的功能需求，以及生态性和观赏性的需求，在梯台绿地中铺设草坪，既缓解了视觉的疲惫感，又能满足其功能需求（图 7.1-127 和图 7.1-128）。

图7.1-128　江苏省金鸡湖风景区挡土墙（二）

（9）石材饰面挡土墙案例九

挡土墙类型：石材饰面挡土墙

挡土墙材质：瓷片、石材、混凝土

施工工艺：湿贴

环境地点：北京市元大都遗址公园 - 海棠花溪

营造手法：采用挡土墙围合出观景平台，形成海棠花海景观的最佳观赏点。

特点分析：在北京市元大都遗址公园 - 海棠花溪景区的主入口空间，采用种植池与挡土墙相结合的形式，围合出中心铺装广场台地，并成为主入口最高的登高点，近可俯瞰海棠花开盛景，远可眺望小月河的植物景观，成为最佳的观赏平台。在空间中部，竖立景石，进一步拔高整个空间的竖向高度，给人以气势感。于景石上题字点题海棠花溪，形成主入口对景。

海棠花溪铺装广场的挡土墙由不规则的多彩瓷片粘贴而成，形成不规则的彩色图案，如同海棠盛开的花海，争奇斗艳、五彩斑斓，正是对海棠花溪盛景的真实写照，也是对景石点题的补充。在瓷片挡土墙外侧，结合竖向高差设置规整的种植池，栽植规则的绿篱，让整个瓷片挡土墙渲染绚丽多彩的空间趋于稳重和精致。同时，树池内的规则式种植能与周围规则式的种植相呼应，融为一体，一起衬托出这个景区入口的仪式感。另外，周围的海棠、乔木搭配成为观景平台的背景，进一步衬托出该平台的色彩，也进一步呼应海棠花溪的植物景观（图 7.1-129 ～图 7.1-131）。

图7.1-129　北京市元大都遗址公园-海棠花溪景区主入口正面

图7.1-130　北京市元大都遗址公园-海棠花溪景区主入口背面

图7.1-131　北京市元大都遗址公园-海棠花溪景区主入口侧面

图7.1-132　中国美术馆街头绿地（一）

图7.1-133　中国美术馆街头绿地（二）

图7.1-134　中国美术馆街头绿地（三）

（10）石材饰面挡土墙案例十

挡土墙类型：石材饰面挡土墙

挡土墙材质：细料石

施工工艺：湿贴、干挂、勾缝

环境地点：中国美术馆街头绿地

营造手法：与地铁站建筑出口相结合，形成街头绿地的通行空间和休憩空间。

特点分析：结合地铁站出入口的位置及地铁站构筑物的空间结构，采用挡土墙与花池相结合的方式，抬高了种植池内回填土的竖向标高，增加了种植土的厚度，达到植物种植的需求，进而营造出植物种植丰富的街头绿地空间。通过花坛的设置和地面铺装的设置，界定了街头绿地空间和人行道路的空间范围，并在其内部形成了富有空间变化的通行和休憩空间，局部花池设计成休憩设施——坐凳，满足空间的休憩功能需求。

采用亚光面灰色石材修建成不同高度的圆形树池，高低错落叠加组合搭配，形成艺术构图，使得整个树池更有艺术美感，圆形树池与地面青瓦圆形铺装相呼应，产生四合院民居的历史印记，凸显出地域文化特色。树池内种油松、金银木、紫藤、马蔺等植物，既保证了植物搭配的组团效果，也考虑到了街头绿地冬季的观赏价值，同时与地铁站出入口通道和构筑物高度进行结合，将其隐藏于绿地之中，使其成为绿地景观的一部分，共同形成了具有地域特色的街头绿地景观（图 7.1-132 ～图 7.1-134）。

7.1.6 景石挡土墙案例

（1）景石挡土墙案例一

挡土墙类型： 景石挡土墙

挡土墙材质： 景石

施工工艺： 景观置石

环境地点： 济南市奥体西路

营造手法： 通过景观置石围合出市政道路通行空间和绿化空间。

特点分析： 结合道路两侧的山体修复，采用与山体一致的景石进行叠石作为挡土墙，稳固山体基部土体，并形成水平纹理叠石景观，层次分明、高低错落、进退有序、光影斑驳、虚实交错。叠石挡土墙不仅解决了山体与道路的高差问题，同时形成种植池或种植空间，满足了道路绿化与破损山体绿化种植需求，也满足了道路两侧绿化的种植需求。

景石前侧种植空间以麦冬为地被，以球类植物、灌木为主，辅以常绿针叶树种，将景石掩映于绿化之中，使得景石或露或藏，形成虚实相宜的关系。同时，景石前的种植与景石后的空间种植及山体绿化种植相互呼应，融为一体，使得景石融入山体景观和道路景观之中。局部节点采用彩叶植物、开花植物点缀，形成道路绿化的重要景观节点（图 7.1-135 ～图 7.1-137）。

图7.1-135 济南市奥体西路山体修复（一）

图7.1-136 济南市奥体西路山体修复（二）

图7.1-137 济南市奥体西路山体修复（三）

（2）景石挡土墙案例二

挡土墙类型：景石挡土墙

挡土墙材质：景石

施工工艺：景观叠石

环境地点：山东省社会科学院

营造手法：通过景石围合出种植空间，并提高整个空间竖向高度。

图7.1-138　山东省社会科学院景石挡土墙（一）

特点分析：采用景石形成挡土墙，解决了地形与道路的竖向高差问题，抬高地形，增加了柿树的种植高度，给人体量感和震撼力，使得乔木成为整个空间的视觉焦点和景观节点，沿道路横向延展，也起到了人流的导向作用，同时界定了道路和种植空间的边界，为道路绿化搭建了丰富的地形和植物层次。

景石就地取材，通过叠石艺术手法，形成了高低错落、进退有致的置石景观。景石的堆叠挑空，形成虚实对比，光影变化，增加了灵动性和立体感。景石的横向、纵深、竖向三维方向的设置，让其产生三维空间的动势力。景石后面的连翘及相关灌木种植与景石产生掩映关系，使得景石融入绿化中，也增加了景石的延展感。景石之前的麦冬的种植，达到了景石与道路铺装之间的景观过渡的效果（图 7.1-138 和图 7.1-139）。

图7.1-139　山东省社会科学院景石挡土墙（二）

（3）景石挡土墙案例三

挡土墙类型： 景石挡土墙

挡土墙材质： 景石、块石

施工工艺： 干垒

环境地点： 杭州市天目里下沉空间

营造手法： 采用景石堆叠出种植池进行植物种植，同时形成叠水景观。

特点分析： 在比较规整的空间内，结合建筑墙体与流水景墙的转角处，采用景观置石的方式，于水池中堆叠出高出水面的种植空间，点缀彩叶植物种植，形成了景石与彩叶植物搭配的静谧空间。同时，也借用坡地与水面的高差，通过景石的堆叠将主墙的跌水引入景石之上，形成清水石上流的景观效果，进而增加了整个景观节点的灵动性、自然性和趣味性，加上黑色背景墙的衬托、墙体的流水潺潺，充满了意境和禅意，让游人能够驻足、停留享受这份宁静。

图7.1-140 杭州市天目里下沉空间

图7.1-141 杭州市天目里下沉空间俯瞰（一）

图7.1-142 杭州市天目里下沉空间俯瞰（二）

采用景石与块石结合作为挡土墙材料，形成自然置石和平整的坡度，使得整个微景观自然、朴实、精致、有韵味。同时，通过景石的堆叠，形成一个近似弧形的水面驳岸，对建筑墙体转角进行了转化，也使得水面边界自然、舒畅。种植池内选用姿态比较飘逸的红枫、红花檵木与景石搭配掩映，并与清水混凝土墙、黑色流水墙构成色彩反差，更衬托出红枫的姿态美和自然美，进而弱化了对墙体转角的注意力（图 7.1-140 ～图 7.1-142）。

（4）景石挡土墙案例四

挡土墙类型：景石挡土墙

挡土墙材质：景石

施工工艺：叠石

环境地点：曲阜尼山圣境景区大学堂前侧

营造手法：通过景观叠石的方式合理处理了山坡端部收口，并形成跌水景观。

图7.1-143 曲阜尼山圣境景区大学堂前侧假山跌水景观（一）

特点分析：通过景观叠石的方式形成挡土墙，解决了山体开挖断面的竖向高差问题，变山坡断面为景石假山，辅以跌水设计，形成假山跌水景观。景石挡土墙后侧回填土方作为山体绿化基底，并种植常绿与落叶树种，形成山护坡绿化，与原山体绿化相匹配，共同完成山体修复。

整个假山的高低起伏与山体走势相呼应，形成以中间为主峰，左右为次峰、客峰，并逐渐过渡到山体坡脚，融入山体绿化之中。假山叠石采用横向片状景石，或出挑、或搭接、或隐退，形成横向层叠肌理明显、虚实对比突出、光影变化丰富的立面，充满了惊奇、惊险、惊艳的感觉，加上横向展开面，给人以气势恢宏感。设置跌水破除了假山立面的单调，增加了整个假山的灵性、动感、柔性美，也呼应了场地前面水面，让两者产生呼应。叠石之间的种植池内种植部分植物，丰富了假山的立面，增加了生机和层次感，使得假山更好地与周围环境相融合（图 7.1-143 和图 7.1-144）。

图7.1-144 曲阜尼山圣境景区大学堂前侧假山跌水景观（二）

（5）景石挡土墙案例五

挡土墙类型：景石挡土墙

挡土墙材质：房山石

施工工艺：景观叠石

环境地点：北京世园公园竹里馆附近

营造手法：通过景石假山，解决了坡地的竖向高差问题，围合出多条景观游览通道。

特点分析：挡土墙采用景观置石的方式形成叠石假山，解决了场地的竖向高差问题，更与景观亭相结合，将景观亭建于假山之上，增加景观亭的高度，结合其前侧及左右两侧的景石台阶步道，衬托出了景亭的高度。同时，也解决了园路线正常穿行的通行空间问题，形成多条赏路线，可从不同高度、角度欣赏周围的景观。

整个挡土墙采用具有地域性的房山石作为景石，通过叠石手法处理成悬挑、搭接、山洞、曲折迂回的园路，让景石假山充满了惊、奇、险的视觉感官，加上横向纹理形成的肌理，给人以层次感。同时，借用地形高差，采用景石搭建穿行空间，也给人以穿越的惊奇和惊喜。在叠石的转角处和收尾处采用枝条柔软的灌木及地被进行护角，不仅丰富了假山的立面，也弱化了假山收边，增加了假山的横向延展感（图 7.1-145 ～图 7.1-147）。

图7.1-145　北京世园公园竹里馆假山西立面

图7.1-146　北京世园公园竹里馆假山东立面

图7.1-147　北京世园公园竹里馆假山近景

图7.1-148　北京市莲花河公园门神广场（一）

图7.1-149　北京市莲花河公园门神广场（二）

图7.1-150　北京市莲花河公园门神广场（三）

（6）景石挡土墙案例六

挡土墙类型：景石挡土墙

挡土墙材质：景石

施工工艺：叠石

环境地点：北京市莲花河公园门神广场

营造手法：通过景石提高地形的竖向高度，并围合出庭院空间。

特点分析：通过景石围合出种植空间，抬高种植地形的竖向高度，增加了华山松的视觉高度，突显出华山松的体量感，给人以遒劲、高大、伟岸的感受，成为视觉焦点和重要的景观节点。景石围合成树池的同时，也与围墙、庭院入户门、廊架、建筑共同围合出门神广场的庭院空间，为游人提供了一个休憩、活动的功能铺装广场。

景观置石通过置石艺术手法形成主峰、次峰、客峰，峰与峰之间独立而又相互呼应，前后交错，成绵延之势。选大块景石上镶嵌门神简介铜匾，既起到点景之意，又达到丰富景石饰面的效果。景石之间，景石与铺装之间种植马蔺，弱化了景石与地面的交接，同时解决了景石与活动广场铺装间的过渡。再加上周围白皮松、红豆杉等植物的搭配，形成一个四季常青的种植组团，并与围墙相互掩映，将围墙末端遮蔽，较好地处理了围墙的收尾效果，使其更好地与整个景观相融合（图 7.1-148 ～图 7.1-150）。

（7）景石挡土墙案例七

挡土墙类型：景石挡土墙

挡土墙材质：房山石

施工工艺：叠石

环境地点：北京市莲花河公园

营造手法：通过景石堆叠，处理了场地的竖向高差，解决道路的通行空间问题。

特点分析：采用房山石堆叠成景石挡土墙和台阶，围合出通行空间，保证园路的通达性，也实现了挡土墙与台阶饰面的一致性和连续性。石阶两侧的景石在体量上和高度上基本相当，保证了道路两侧的均衡性。在叠石艺术处理手法及植物搭配上又有所区别，形成叠石景观的差异化，借用了景观造景手法中的变化与统一的理念，丰富了整个园路通行空间的叠石景观。

道路左侧因景观空间限制，在叠石手法上采用了景石叠加方式形成曲折连续的景石挡土墙，种植空间均设置于景石后侧。道路右侧，空间开敞，设置景石的主峰，在其前侧围合出种植池内种植铺地柏，使得整个叠石更富有变化，提升了整个空间的层次性和视觉效果。景石之间种植铺地柏与之呼应，增加了景石的观赏性（图 7.1-151 ～图 7.1-153）。

图7.1–151　北京市莲花河公园通行空间

图7.1–152　北京市莲花河公园通行空间（左侧）

图7.1–153　北京市莲花河公园通行空间（右侧）

（8）景石挡土墙案例八

挡土墙类型：景石挡土墙

挡土墙材质：景石

施工工艺：叠石

环境地点：北京世园公园入口

营造手法：采用景石置石的方式形成场地入口对景和通行空间。

特点分析：在展园入口广场，通过景石围合出景石假山，抬高了地形的竖向高度，并于其上种植大量的常绿针叶树种——油松，生长茂密，形态各异，形成了展园入口的对景——百松云屏，将园区内的景致遮蔽。充分利用景石假山的竖向高度和进深空间，设计了多处跌水景观，为整个叠石假山增添了灵动性、温润感、趣味性。在假山两侧采用景石堆叠出峡谷通道作为入口空间与展园的通行空间，引导游人进入展园。

整个景石挡土墙叠石高低起伏，凹凸有序，且遥相呼应，有临空拔地而起的气势感，也有水平层层升起的稳重感，结合地形上的油松种植，有较强的空间围蔽感。在置石之间的空隙或树池内点植枝条柔软的灌木、马蔺、菖蒲等，能与景石相掩映，使得景石与整个环境更好地融为一体，并起到较好的过渡作用。在开阔区域种植牡丹，有“牡丹花开，笑迎八方来客”之意（图 7.1-154 ～图 7.1-157）。

图7.1-154 北京世园公园主入口景石假山正面

图7.1-155 北京世园公园主入口通行空间

图7.1-156 北京世园公园主入口景石假山侧面

图7.1-157 北京世园公园主入口景石假山背面

（9）景石挡土墙案例九

挡土墙类型：景石挡土墙

挡土墙材质：景石

施工工艺：干垒

环境地点：上海辰山植物园

营造手法：通过挡土墙围合出种植地形，形成坡地景观。

特点分析：挡土墙采用与背景山体的材质一致的景石，通过艺术堆叠手法，形成与破损山体和坡地造型相呼应的层层后退的挡土墙，界定了地形营造空间和道路通行空间。景石之间预留了种植池和种植空间，通过种植艺术手法，搭配了植物球、地被、宿根花卉等植物与景石相呼应，形成富有自然野趣和观赏效果的类似岩石园景观效果，弱化了其对后面坡地造型的影响，同时也与后侧坡地的草坪形成鲜明对比，进一步衬托出了后侧坡地的简洁、精致、顺滑、开阔。在挡土墙与其乔木种植搭配时，采用灌木收尾遮挡，将景石引入植物组团中，使得景石挡土墙能够与植物种植群落融为一体。

通过景石挡土墙围合出的坡地，经过整理形成山体，与整个环境相呼应。同时，加上草坪的铺设，使得整个山体柔和、线条舒畅、草坪精致，与周围的环境形成明显的对比，让其成为视觉交汇点，也是该区域的景观亮点（图 7.1-158 ～图 7.1-161）。

图7.1-158　上海辰山植物园景石挡土墙（一）

图7.1-159　上海辰山植物园景石挡土墙（二）

图7.1-160　上海辰山植物园景石挡土墙（三）

图7.1-161　上海辰山植物园景石挡土墙（四）

图7.1-162 北京市南四环某售楼处景石挡土墙（一）

图7.1-163 北京市南四环某售楼处景石挡土墙（二）

（10）景石挡土墙案例十

挡土墙类型：景石挡土墙

挡土墙材质：黄蜡石、板岩

施工工艺：景观置石

环境地点：北京市南四环某项目售楼处

营造手法：通过景石与挡土墙解决了场地竖向高差问题，并形成了园区入口对景 - 跌水景观。

特点分析：采用黄蜡石、板岩作为挡土墙材料，通过堆叠和砌筑形成景石挡土墙，稳固场域内地形，解决场地与水池的竖向高差问题，并依据高差设计成黄蜡石跌水景观，成为主入口对景。叠石高低起伏，进退有序，左右延展舒缓，并与水系驳岸相延续，统一性好，使得整个景观节点不仅稳重大气，而且色彩亮丽，加上流水潺潺，稳重之中又带有动感和欢快，并弱化了景石和板岩的硬度感，增加了水景的柔性美和灵动性。

黄蜡石作为南方常见景石，表皮光滑圆润，用在此处，凸显出整个水景精致细润、舒心温润。在景石假山周围分别用乔木、灌木、常绿树种、水生植物、匍匐类的植物对其进行装饰和点缀，形成松石搭配、彩叶树种搭配、迎春景石搭配、荷花景石驳岸等多种景观，均是在利用植物对景石及空间进行装饰，让其融入整个景观之中（图 7.1-162 ～图 7.1-164）。

图7.1-164 北京市南四环某售楼处景石挡土墙（三）

（11）景石挡土墙案例十一

挡土墙类型：景石挡土墙

挡土墙材质：黄石

施工工艺：景观置石

环境地点：北京园博园 - 江南园

营造手法：通过景观挡土墙围合出种植空间，并界定了道路通行空间。

特点分析：采用黄石与游廊围合而成的植物种植池，将植物种植高度抬升，满足植物种植需求，高低起伏、曲折有致、进退得当，让整个种植池的形状和边缘优美多变，且富有艺术构图。同时，通过黄石堆叠的树池与水系驳岸的围合，界定了道路通行空间的边界，对地面铺装起到了收边和收口的作用，使得地面铺装的边界与黄石过渡自然，且富有变化。

采用黄石以叠石技术手法进行置石，形成水平的横向纹理，保障了种植土的竖向高度。黄石三五块组成一组叠石景观，组与组之间既拉开了间距，又保障彼此呼应而不相连，共同组成了主峰、次峰、配峰等高低不同的叠石景观。种植池内则种植了石榴、丁香、月季、紫荆等常见庭院灌木，加上麦冬，共同构建了庭院叠石景观。同时能够与水系的黄石驳岸相呼应，共同营造出江南园林意境（图 7.1-165 ～图 7.1-168）。

图7.1-165 北京园博园–江南园景石挡土墙（一）

图7.1-166 北京园博园–江南园景石挡土墙（二）

图7.1-167 北京园博园–江南园景石挡土墙（三）

图7.1-168 北京园博园–江南园景石挡土墙（四）

7.1.7 卵石挡土墙案例

（1）卵石挡土墙案例一

挡土墙类型：卵石挡土墙

挡土墙材质：卵石、水泥

施工工艺：浆砌

环境地点：台湾某地

营造手法：解决了场地的竖向高差问题，围合出草坪空间和活动空间。

特点分析：卵石挡土墙采用地域材料——卵石作为饰面，形成了凹凸有致的墙面，光滑的卵石与砌筑水泥形成鲜明的对比，精致中带有水泥的粗犷感。水平缝隙纹理使得卵石墙体具有分层感，增加了墙体的肌理变化。压顶采用双层的拉丝面水泥抹灰面，既增加了压顶的光影变化，也使整个墙体增加了立体感、质感、横向肌理感。水泥的灰色又能和周围建筑的屋顶灰瓦在颜色上呼应，使得整个挡土墙与周围建筑相协调，给人以宁静、安详、静谧之感。

挡土墙基部与草坪交接处，草坪对卵石的掩映趋于和谐。挡土墙顶部与墙体后侧的乔木、灌木形成相互掩映关系，破除了挡土墙整个墙体一览无余的单调和僵硬，增加了植物的柔性美与墙体的硬性美的对比，形成了软、硬景相协调的挡土墙景观（图 7.1-169 ～图 7.1-171）。

图7.1-169　台湾某地卵石挡土墙（一）

图7.1-170　台湾某地卵石挡土墙（细部）

图7.1-171　台湾某地卵石挡土墙（二）

（2）卵石挡土墙案例二

挡土墙类型：卵石挡土墙

挡土墙材质：天然河卵石

施工工艺：干垒、空缝

地点环境：北京世园公园设计师园 - 日本园

营造手法：通过挡土墙界定展园的范围，围合出参观路线的通行空间。

特点分析：在展园边界处，采用挡土墙与围墙相结合的方式进行设置，不仅界定了展园的边界范围，同时解决了展园内与展园外侧道路、沟渠之间的竖向高差，围合出展园内部的地形高度和种植空间，满足展园内部造景的需求。

挡土墙采用自然河石干垒，通过技术手法处理，将河石相对平整的面作为立面使用，堆叠出墙柱和墙面造型。展园的入口、出口，充满了立体感、精致感和趣味感，也使得展园充满了自然生态、田园野趣感。加上自然的河石堆叠出的近弧线的墙顶造型，让整个墙体变得更有艺术感和观赏性。墙内的地形顺着墙体的最低点设置，与墙体的造型相得益彰。墙体内展园植物的种植与墙体相互掩映，使得两者较好地融为一体。 展园内部，同样采用河石堆叠成挡土墙，作为水池的驳岸、台阶的侧面挡土墙，既保证了台阶的通行和道路的通畅，也能够与周围的地面铺装、置石、围墙在纹理和质感上保持一致性，凸显出自然、生态的场景（图 7.1-172 ～图 7.1-174）。

图7.1-172 北京世园公园设计师园-日本园（一）

图7.1-173 北京世园公园设计师园-日本园（二）

图7.1-174 北京世园公园设计师园-日本园（三）

（3）卵石挡土墙案例三

挡土墙类型：卵石挡土墙

挡土墙材质：卵石、水泥

施工工艺：浆砌

环境地点：北京市八达岭原乡小镇

营造手法：通过挡土墙解决了别墅庭院与道路之间的竖向高差问题，界定了别墅院落的空间范围。

特点分析：采用卵石作为挡土墙的饰面，解决了别墅庭院与道路之间的高差问题，属于就地取材，合理利用基址内的原材料，节约经济、生态环保，同时与整个项目的环境相呼应，也与其住宅附近卵石水系相呼应，使得整个挡土墙具有地域性和乡土气息。

挡土墙卵石的表面与水泥浆形成质感对比、颜色对比，让整个墙面充满了光影和肌理变化，增强了立体感和图案感，增添墙面的灵活性。挡土墙顶部的栅栏和建筑的外立面采用防腐木，与卵石共同具有生态、自然属性，共同营造乡村气息。防腐木又不同于卵石的冰冷感，其具有柔性色彩，具有亲和力，与卵石挡土墙搭配，在一定程度上改善了挡土墙的冰冷的视觉感，并与主体建筑上的文化石、防腐木进行相呼应，产生关联（图 7.1-175）。

图7.1–175　北京市八达岭原乡小镇别墅卵石挡土墙

（4）卵石挡土墙案例四

挡土墙类型：卵石挡土墙

挡土墙材质：卵石、水泥

施工工艺：浆砌

环境地点：北京园博园 - 太原园

营造手法：通过挡土墙围合出种植池，满足水生植物的种植要求。

特点分析：在景观水池内，采用卵石堆叠的方式围合出种植池，在池内填土来达到满足种植水生植物所需泥土的厚度，然后进行水生植物种植。在水面形成种植绿岛，将水面划分为更为丰富的空间，增加了水面的观赏景观性。

把卵石作为挡土墙材料，使得整个墙体比较圆润、精致，也符合流水中的石头形态，更能与水体景观相融合，曲线型的设计让这个墙体更加活泼自由、有灵动性，也增加了整个绿岛的自由舒展性，其将水面也划分的边界比较自由活泼，增加了整个水面的灵动性和观赏性。池体内的水生植物与池壁相呼应，成为水面的视觉点，为平整的水面增添了灵性和观赏性（图 7.1-176 ～图 7.1-178）。

图7.1-176　北京园博园-太原园（一）

图7.1-177　北京园博园-太原园（二）

图7.1-178　北京园博园-太原园（三）

7.2 石笼挡土墙案例

（1）石笼挡土墙案例一

挡土墙类型： 石笼挡土墙

挡土墙材质： 毛石、防腐木、金属网笼

施工工艺： 干垒、空缝

环境地点： 北京世园公园

营造手法： 石笼挡土墙与防腐木结合，在满足挡土功能的同时，也形成了休憩设施。

特点分析： 石笼挡土墙采用金属网笼装毛石的方式制作，并让毛石平整面向外，堆叠出比较平整的外立面，给人以规整、整洁的感觉。石块间相互挤压，缝隙多变，明暗虚实相间，充满光影变化，让整个墙体充满了立体感和艺术感。外侧金属网笼对自然石块进行外在装饰，让整个墙体的线条更加明显，加上直线和曲线造型，增加了墙体的流畅感和灵活性。在石笼墙的表面上，增加了防腐木坐凳，让挡土墙承担起休憩设施的作用，也丰富了石笼挡土墙的颜色和质地，增加了挡土墙的亲和力。

挡土墙前侧用碎石铺设的园路与挡土墙在材质上能够保持一致性，使得两者能够有效融合与呼应，更为整个环境增添了自然野趣。碎石、毛石、防腐木等材料共同构建了纯自然物质的景观空间，也体现出自然环保的理念（图 7.2-1 ～图 7.2-3）。

图7.2-1 北京世园公园挡土墙坐凳（一）

图7.2-2 北京世园公园挡土墙坐凳（二）

图7.2-3 北京世园公园挡土墙坐凳（三）

（2）石笼挡土墙案例二

挡土墙类型：石笼挡土墙

挡土墙材质：毛石、金属网笼、耐候钢板

施工工艺：干垒、填充

环境地点：北京世园公园国际馆东侧

营造手法：解决了场地的竖向高差，形成道路转角景观节点，并围合出通行空间。

特点分析：在道路转角处，通过梯台式石笼挡土墙围合出坡顶园路通行空间和构筑物空间，同时解决了地形与主道路之间的高差，界定了主道路的边界范围。石笼挡土墙结合耐候钢板的装饰、植物种植方式，共同构建了主道路转角处的对景景观。

石笼挡土墙与耐候钢板相结合，兼具石笼挡土墙和金属挡土墙的特点：生态性、趣味性、凝重感。耐候钢板特有的造型，增强了挡土墙的艺术感、线条感、立体感。耐候钢板上镂空植物的名字及植物形状，不仅科普了园艺植物知识，也衬托出耐候钢板的精致。多重挡土墙前后错位布置，不仅有设计感、艺术感、韵律感，也较好地将挡土墙化整为零，避免了对景观空间的割裂。在每一段石笼挡土墙的弧线末端，均采用修剪的植物进行等距种植，实现了挡土墙从比较实的耐候钢板演变为虚实相间的石笼，再演变到比较虚的植物种植序列，富有创意性（图 7.2-4 ～图 7.2-6）。

图7.2-4　北京世园公园国际馆东侧挡土墙（一）

图7.2-5　北京世园公园国际馆东侧挡土墙（二）

图7.2-6　北京世园公园国际馆东侧挡土墙（三）

（3）石笼挡土墙案例三

挡土墙类型：石笼挡土墙

挡土墙材质：毛石、金属网、耐候钢板

施工工艺：干垒、空缝

环境地点：上海祥泰木行旧址景区

营造手法：解决了场地的竖向高差，围合成台阶通道，形成场地入口景观空间节点。

特点分析：通过挡土墙与景墙组成石笼墙，解决了台阶与绿地之间的高差，并与金属台阶及侧面金属挡土墙共同围合祥泰木行旧址景区入口，具有历史感和印记感。

石笼墙外形方正，内部毛石相互嵌挤，形成平整墙面的同时，缝隙大小不一，变化丰富，加上光线照射，让墙体变得更为稳重和具有趣味性，给人以气势和稳重感，更好地体现了入口的气势。金属挡土墙墙体上的旧址铭牌采用耐候钢板制作而成，与地面台阶、对面挡土墙的材质、颜色一致性，给人以古朴和历史沧桑感，契合了场地的历史文脉，是时间延续的表征，也达到了渲染场地入口空间氛围的目的，给人以时空交错感。挡土墙后侧种植乔木和灌木，形成丰富的天际线变化，同时为石笼墙体提供绿色的背景，并与石笼墙体产生遮掩关系，让整个景观空间更为和谐（图 7.2-7 ～图 7.2-9）。

图7.2-7　上海祥泰木行旧址景区入口（一）

图7.2-8　上海祥泰木行旧址景区入口（二）

图7.2-9　上海祥泰木行旧址景区挡土墙侧立面

（4）石笼挡土墙案例四

挡土墙类型： 石笼挡土墙

挡土墙材质： 毛石、金属网

施工工艺： 干垒、空缝

环境地点： 江苏南京园博园

营造手法： 通过挡土墙解决了场地的竖向高差，界定了不同的景观空间，并形成有效的过渡和连接。

图7.2-10　南京园博园石笼挡土墙细部

特点分析： 通过挡土墙，解决了绿地与铺装地面之间的竖向高差，界定了铺装范围和绿地边界，并通过挡土墙的艺术手法处理，将地面铺装、挡土墙立面、绿地三者连接起来，共同组成和谐的景观空间及艺术构图。

石笼挡土墙自然堆叠，石块相互挤压、缝隙多变，让整个墙体更加自然、充满野趣，光影的变化让整个墙体充满了立体感和动感。外侧金属网笼对笼内的毛石进行限制，让毛石墙在多变的态势下增添了平整的约束，给人以柔中带刚的感觉。墙体的毛石与其前侧硬质景观空间的置石在材质、颜色上保持一致，更好地与置石相呼应，进而融入景观空间中。挡土墙墙体与后侧草坪在颜色和质感上也存在反差，衬托出草坪空间的精致、平整、舒缓、宁静。两者之间通过金属笼顶部的金属装饰板来进行过渡，并为草坪镶嵌上精致的边带，让草坪更加具有精致感（图 7.2-10 和图 7.2-11）。

图7.2-11　南京园博园石笼挡土墙

（5）石笼挡土墙案例五

挡土墙类型：石笼挡土墙

挡土墙材质：毛石、金属网

施工工艺：干垒、空缝

环境地点：北京世园公园 - 中国馆

营造手法：梯台式石笼挡土墙形成台地园林，并与建筑融为一体，将建筑藏入台地之中。

特点分析：典型的梯台式挡土墙，通过多层挡土墙的设置，将中国馆藏身于梯田之中，并把石笼挡土墙作为中国馆的建筑立面，实现了中国馆生态环保的设计理念。挡土种植池种植观赏草、低矮灌木等植物，为整个挡土墙增添了生机活力，色彩斑斓，同时控制了植物高度，将建筑外形更好地展示给游人。挡土墙内的回填土除作为种植基质外，也为建筑的保温节能起到重要作用。

图7.2–12 北京世园公园–中国馆石笼挡土墙（一）

石笼挡土墙采用金属笼内装毛石而成，毛石相互嵌挤，缝隙或大或小，充满了自然野趣。石笼墙的曲线造型，舒缓、流畅，富有变化和流动感，让整个“梯田”更为柔和、舒展，更具有亲和力，指引着人流走向中国馆的入口。挡土墙局部采用金属线条对墙体进行装饰，丰富了墙体的立面变化，也增加了墙面的精致度（图 7.2-12 ～图 7.2-14）。

图7.2–13 北京世园公园–中国馆石笼挡土墙（二）

图7.2–14 北京世园公园–中国馆石笼挡土墙（三）

（6）石笼挡土墙案例六

挡土墙类型：石笼挡土墙

挡土墙材质：河石、金属网、钢板、防腐木

施工工艺：干垒、空缝

环境地点：济南市茂岭山山体公园

营造手法：通过挡土墙围合出活动场地和休憩空间，并形成文化墙来展示地域文化。

特点分析：借用山体落差之势，用石笼挡土墙围合出活动和休憩空间，满足游人的活动、休憩需求。挡土墙后侧进行种植土回填，营造植物种植空间，实现山体绿化种植。同时，借用挡土墙的墙面，用耐候钢板制作出图案和标语，成为展示山体修复和城市地域文化的文化墙。

石笼挡土墙采用河石进行装填，形成的挡土墙更加温润，具有舒适感和亲和力。选用耐候钢钢板作为挡土墙的饰面装饰，给人以历史感和岁月感，其造型和艺术构图、文字标语更好地展出地域文化特色，增加挡土墙的文化内涵。石笼挡土墙基部铺装采用黑色卵石收边，较好地完成了墙面与地面之间的衔接和过渡。局部借用梯台式石笼墙布置了休憩设施，既是对石笼挡土墙的一种装饰，也是对石笼挡土墙的合理利用，能给人安全感和舒适感。在石笼挡土墙后侧和石笼挡土墙之间的绿化以地被种植为主，局部采用灌木和常绿树种来与挡土墙结合，用于破除石笼挡土墙整个硬质墙面，增添景观的层次性和整个空间的观赏性（图 7.2-15 ～图 7.2-17）。

图7.2-15 济南市茂岭山山体公园挡土墙（一）

图7.2-16 济南市茂岭山山体公园挡土墙（二）

图7.2-17 济南市茂岭山山体公园挡土墙（三）

（7）石笼挡土墙案例七

挡土墙类型：石笼挡土墙

挡土墙材质：卵石、金属网、真石漆

施工工艺：干垒、空缝

环境地点：福州市福道

营造手法：通过挡土解决了场地的竖向高差，并与铺装边相结合，营造出休憩空间。

图7.2-18 福州市福道石笼挡土墙（一）

特点分析：将石笼挡土墙设置于园路通行的铺装空间一侧，不仅解决了园路铺装与绿地之间的竖向高差问题，而且挡土墙的高度按照人体工程学的要求设置，使其满足挡土功能的同时也能成为休憩坐凳，满足游人休憩的需求。因其独特的材质和艺术造型，成为视觉会聚点，也成为通行空间上具有特色的景观节点。

石笼挡土墙的金属网笼采用银色角钢和金属网制作而成，明亮、跳跃，现代感比较强，横向肌理给人以稳重感和扩展感，高低组合变化增加了金属网笼艺术构图的美感。石笼内填卵石形成虚实变化和光影变化，产生立体感。休憩坐凳的坐面采用仿芝麻黑荔枝面石材，和地面铺装的色彩存在一致性，也使得挡土墙能够与地面协调，并让人在休憩过程中获得宁静和清爽（图 7.2-18 和图 7.2-19）。

图7.2-19 福州市福道石笼挡土墙（二）

7.3　砖砌挡土墙案例

（1）砖砌挡土墙案例一

挡土墙类型：砖砌挡土墙

挡土墙材质：红色烧结砖

施工工艺：浆砌、密缝

环境地点：北京世园公园 - 时光花园

营造手法：通过树池与挡土墙围合出休憩空间，供游人登高游憩。

特点分析：利用红砖在围墙的转角处砌筑形成树池、台阶和休憩平台，将树池、休憩平台抬高，拔高了植物种植的竖向高度，增加了整个空间的竖向高度，同时界定了围合平台的空间内容。在种植池内种植白桦，保证了整个空间的统一和协调性，让其更好地融合到整个环境之中。

挡土墙采用红砖砌筑，与围墙保持一致，实现了整个空间氛围的一致性。休憩平台，可以让游人登高、驻足停留，从高处欣赏整个空间的景致：在红砖高墙内院中散点几丛白桦，辅以细腻的地被植物——麦冬，共同形成一个与外界喧嚣隔离的宁静世界，也塑造了一个安静遐想的空间，让人有心旷神怡的宁静，进而与整个空间产生共鸣，让人感到平静放松、身心愉悦（图 7.3-1 ～图 7.3-4）。

图7.3-1　北京世园公园-时光花园（一）

图7.3-2　北京世园公园-时光花园（二）

图7.3-3　北京世园公园-时光花园（三）

图7.3-4　北京世园公园-时光花园（四）

图7.3-5 北京新华1949文化产业园（一）

图7.3-6 北京新华1949文化产业园（二）

图7.3-7 北京新华1949文化产业园（三）

（2）砖砌挡土墙案例二

挡土墙类型：砖砌挡土墙

挡土墙材质：红砖、金属板

施工工艺：浆砌、勾缝

环境地点：北京新华1949文化产业园

营造手法：借助挡土墙解决了场地竖向高差问题，围合出车行通道空间和绿化种植空间。

特点分析：沿园区行车道道牙外侧设置挡土墙，解决了绿地与道路之间的竖向高差问题，围合出绿化种植的花坛，并依据地形变化，同时与道牙石、金属带共同界定了道路的范围，起到引导车流、维护行车安全的重要作用。

挡土墙采用烧结砖作为砌筑材料是追随园区建筑墙面做法，与整体建筑风格和色彩保持统一，充满了历史感和工业风，呼应了产业园区的历史底蕴。墙体底部采用黑色金属板与灯带结合进行装饰，用白色卵石铺地，呼应灯光，较好地处理墙体与路面的过渡，保证挡土墙晚上夜景效果，也增加了墙体的精致感。挡土墙采用逐渐向后缩小的方式砌筑，使得挡土墙压顶纤细、精致，也使墙体立面产生凹凸变化，增加墙面的光影变化，让墙面有立体感和肌理感。植物种植采用乔木＋绿篱＋植物球的配置模式，风格简洁，规整，具有现代感，也与墙体的设计风格相一致（图7.3-5～图7.3-7）。

（3）砖砌挡土墙案例三

挡土墙类型：砖砌挡土墙

挡土墙材质：红砖

施工工艺：浆砌、密缝

环境地点：上海市滨江公园 - 上海老船厂

营造手法：挡土墙与园路、铺装相结合，解决了场地竖向高差问题，形成具有纪念意义的景观。

特点分析：挡土墙与园路、铺装相结合，将场地的竖向高差分解为梯台式的种植池和通行空间，辅以简洁的草坪和观赏草、乔木，加上合理的挡土墙标高、铺装的宽度，共同构成了一个面向江面，利于眺望和遐想的休憩空间，给人以宁静、开阔、放松的感觉。挡土墙两端部位采用多种观赏草进行种植，既将挡土墙和铺装隐藏其中，处理好其收尾，使得挡土墙和铺装有延续和纵深感，增加了景观的景深和延展，也增加了整个空间的植物景观的变化，提高了植物景观的观赏性。

挡土墙采用与保留的船厂历史建筑一样的红砖作为饰面，并铺设了与保留建筑相同方向、相同材质的铺装，与船厂保留建筑相呼应，进而唤醒人们对工业旧址的记忆和怀念，延续了场地原有的历史文脉，将船厂的工业文化遗产得以再现和传承，形成具有历史文脉的工业旧址滨水景观。同时，其设置的直线条，干净、简洁、大气之中，也带有现代感和时代感（图 7.3-8 ～图 7.3-10）。

图7.3-8　上海市滨江公园-上海老船厂（一）

图7.3-9　上海市滨江公园-上海老船厂（二）

图7.3-10　上海市滨江公园-上海老船厂（三）

图7.3-11 北京园博园-乌鲁木齐园（一）

图7.3-12 北京园博园-乌鲁木齐园（二）

图7.3-13 北京园博园-乌鲁木齐园（三）

（4）砖砌挡土墙案例四

挡土墙类型：砖砌挡土墙

挡土墙材质：红砖

施工工艺：浆砌、密缝

环境地点：北京园博园 - 乌鲁木齐园

营造手法：采用挡土墙的形式围合出下沉园路通行空间，串联其各文化展示空间。

特点分析：依据乌鲁木齐当地民居的风格、形式、纹样、材料，采用红砖砌筑了一个具有地域性民居的挡土墙，与展厅建筑共同围合出通行空间、种植空间、休憩活动空间，并通过通行空间连接起展园前场、后场、展厅等空间，形成一个完整的游览路线，引导游人完成展园的游览。

挡土墙采用红砖砌筑的花墙，形成虚实相间且有规律的图案组合，丰富了墙面的变化，展现出地域性民居建筑的特色，也让游人欣赏到优美的砖雕。墙顶采用平立相间的砌筑方式，形成具有韵律变化的造型，增加了压顶的艺术造型和趣味性。在墙顶外侧种植沙地柏和鸢尾，不仅能起到绿化和固土作用，也能对挡土墙墙顶进行掩映，弱化了挡土墙的墙顶，使得挡土墙能够较好地与绿化相融合，整个景观相对和谐（图 7.3-11 ～图 7.3-13）。

（5）砖砌挡土墙案例五

挡土墙类型：砖砌挡土墙

挡土墙材质：青砖

施工工艺：浆砌、密缝

环境地点：北京园博园 - 印象四合院

营造手法：采用砖砌挡土墙解决了展园内与道路之间的竖向问题，同时界定了道路与展园的边界。

特点分析：在展园入口空间，用砖砌筑成道牙、树池、台阶、墙壁等多种形式的挡土墙，解决了展园内空间与道路通行空间的高差问题，界定了展园的边界范围，营造展园入口的爬升体感，进而为进入展园内看到的景观角度和感受做一个铺垫，让参观者更深刻地体会展园内部景观的观赏角，更能理解展园内景观设计的特点。

挡土墙采用的砌筑材料为北京四合院通常用的青砖，从选材、颜色上能够回归于四合院中，营造的青砖墙、青砖胡同、小青瓦，共同围合出四合院的氛围和气息，朴素、宁静、优雅。花池内采用绿篱，修剪整齐，既能与规则的花池、墙体相匹配，横平竖直、干净整洁、规则有序，又能起到对墙体的装饰作用，将花池和围墙拉开，形成景观层次，增加景深（图7.3-14～图7.3-17）。

图7.3-14　北京园博园-印象四合院（一）

图7.3-15　北京园博园-印象四合院（二）

图7.3-16　北京园博园-印象四合院（三）

图7.3-17　北京园博园-印象四合院（四）

图7.4-1 北京世园公园-辽宁园（一）

图7.4-2 北京世园公园-辽宁园（二）

7.4 金属挡土墙案例

（1）金属挡土墙案例一

挡土墙类型：金属挡土墙

挡土墙材质：耐候钢板

施工工艺：焊接

环境地点：北京世园公园 - 辽宁园

营造手法：围合出下沉庭院空间，并营造出具有历史文化印记的展园空间。

特点分析：采用挡土墙与围墙相结合的形式，界定了展园的边界，围合出下沉空间和游览路线，并通过挡土墙的视线屏蔽功能来引导视线汇聚于展园中心的庭院景观，来仰视船头式的观景平台，凸显出平台的气势感和艺术造型，展示辽宁的船舶历史文化，进而实现地域文化的展示。

挡土墙饰面材质选用采用耐候钢板，给人钢铁锈蚀的沧桑历史感和岁月感，展示了辽宁的重工业发展历史印记。挡土墙之下采用砾石散铺装饰地面，用耐候钢板折叠成船的造型，设置于砾石之中，并种植地被，增加了挡土墙的前景，应了南湖泛舟的意境，也在印证辽宁的发展一路向前。挡土墙之后的乔木和灌木搭配，为整个挡土墙形成绿色背景，并与之产生掩映关系，为整个硬质的金属增添了变化和生机活力，也使得整个挡土墙更好地融入整个绿化之中（图 7.4-1 ～图 7.4-3）。

图7.4-3 北京世园公园-辽宁园（三）

（2）金属挡土墙案例二

挡土墙类型：金属挡土墙

挡土墙材质：不锈钢钢板

施工工艺：焊接

环境地点：北京世园公园九州花境附近

营造手法：通过挡土墙构筑起观景平台，并形成景观节点。

特点分析：典型的梯台式挡土墙，于多条道路交汇处，通过多层挡土墙围合出高台，形成立体的种植空间和活动场地，界定了道路通行空间。登台可俯瞰妫河水面及两岸滨水景观，视野开阔，成为妫河滨水景观的最佳观赏点。同时成为多条交通道路的交汇点和视觉汇聚点，具有导向性和标识性，也成为该区域地标性构筑物。

采用金属板作为梯台式挡土墙的饰面，采用镂空的金属板作为栏板，既保证了墙体的统一性，也增加了墙面的虚实变化，在绿色植物的映衬下，给人以精致、大气、充满活力的现代感。梯台层层，不仅为梯台之间提供了种植空间，也弱化了挡土墙对道路视线的压迫感，增加道路通行的舒适度，矮化观景平台的视线高度。梯台之间种植观赏草、灌木，既有利于起到固土作用，又可以对金属挡土墙进行装饰和掩映，弱化了金属板的高冷感，增添了墙面上的生机。在金属挡土墙的收口处种植了常绿的瓜子黄杨球和观赏草，起到遮隐作用，给人以延展感。在观景平台后侧片植北美海棠，结合原有的杨树林，共同成为整个观景平台的背景（图 7.4-4 ～图 7.4-6）。

图7.4-4　北京世园公园九州花境观景平台（一）

图7.4-5　北京世园公园九州花境观景平台（二）

图7.4-6　北京世园公园九州花境观景平台（三）

图7.4-7 上海市滨江老船厂遗址公园（一）

图7.4-8 上海市滨江老船厂遗址公园（二）

图7.4-9 上海市滨江老船厂遗址公园（三）

（3）金属挡土墙案例三

挡土墙类型：金属挡土墙

挡土墙材质：钢板

施工工艺：焊接

环境地点：上海市滨江老船厂遗址公园

营造手法：利用钢板围合出种植空间，界定了通行空间和活动场域，并与历史建筑相呼应。

特点分析：采用金属钢板的形式在园路和铺装边界上围合出植物种植空间、通行空间、活动空间，解决了种植土与铺装地面之间的竖向高差问题，使铺装收边到种植土的过渡更为顺畅和精致，也起到了装饰的作用。

上海市滨江老船厂遗址公园内的景观都是围绕着老船厂的历史文脉传承来设计的，老船厂中的主要建造材料——钢材作为设计要素被运用于公园中。选用钢板作为挡土墙装饰饰面，既能与整个历史建筑相呼应，又能与整个船厂的历史形成传承，更好地与周围管件栏杆、金属网栏板、地面的金属装饰构件、金属台阶等金属元素相呼应，共同构建了老船厂的历史文化传承和表现。钢板的银灰色与历史建筑本身的钢构架颜色一致，能够与整个历史建筑相呼应并融为一体，成为历史建筑的一部分。钢板的锈色与历史建筑上的生锈的金属构件颜色相呼应，更能体现出金属的岁月感和历史感。而简单的钢板表面又能给出一种现代感，让遗址公园也能感受到现代感的气息（图 7.4-7 ～图 7.4-9）。

（4）金属挡土墙案例四

挡土墙类型：金属挡土墙

挡土墙材质：不锈钢板

施工工艺：焊接

环境地点：北京世园公园

营造手法：采用不锈钢钢板围合出通行空间，并形成种植池和地形，以及道路节点的景观营造。

特点分析：在道路交会的十字路口，通过不锈钢板挡土墙将四个夹角绿地围合成地形，界定了种植空间，抬高了种植地形的高度，将道路隐蔽于地形之中，汇聚于凹地之处，结合地形上种植的乔木相互呼应与掩映，弱化了道路对整体景观效果的割裂，保持了这个景观效果的整体性。同时围合处的地形界定出了道路转角内的活动空间，将活动空间和道路通行空间分隔开来，满足各自的功能需求。

挡土墙饰面采用不锈钢板原色设计，加上折线形和倾斜角度的设置，让整个挡土墙简洁明快、立体感强、充满了现代感。钢板的收边厚度比较薄，在挡土墙与种植交接处形成一条很薄的金属收边，加上其倾斜设计，给人一种飘逸感和轻盈感，弱化了挡土墙的存在感，衬托出绿地收边的精致。在道路两侧同时设置不锈钢板挡土墙，能够相呼应关系，保持了景观的统一性（图 7.4-10 ～图 7.4-12）。

图7.4-10　北京世园公园不锈钢挡土墙（一）

图7.4-11　北京世园公园不锈钢挡土墙（二）

图7.4-12　北京世园公园不锈钢挡土墙（三）

图7.4-13 福州市福道金属挡土墙（一）

图7.4-14 福州市福道金属挡土墙（二）

图7.4-15 福州市福道金属挡土墙（三）

（5）金属挡土墙案例五

挡土墙类型：金属挡土墙

挡土墙材质：耐候钢板

施工工艺：焊接

环境地点：福州市福道

营造手法：采用耐候钢板对破损山体进行修复，保证了架空步道的通行空间和通行安全，并形成具有艺术化的山体修复景观。

特点分析：采用耐候钢钢板作为山体护坡挡土墙对破损山体进行修复，依山势而变化，形成了山体造型，既与原山体相吻合，延续原山体的形态，又能形成现代感的艺术化构图，与周围的山体、绿化、步道形成鲜明的颜色、形状、质感的对比，使得耐候挡土墙成为能够与整个环境相融合而又具有视觉冲击的立体景观节点，也成为福道上具有明显特征的景观标志。

该节点采用耐候钢板做挡土墙，也是对原址山体开采历史的纪念，通过这种形式来表现历史开采和后期山体生态修复的一种历史过程演绎，具有更好的展示性和纪念性。另外采用耐候钢板做挡土墙，可以通过耐候钢板刚度和强度形成较薄的厚度对山体护坡进行处理，节省更多的空间，更有利于后期步道的实施和安装；同时，在安装过程中，可结合原山体形状进行调整，对山体的破坏和影响比较小，最大限度地维持了山体的原貌，保持了山体原来的自然景观和生态群落（图 7.4-13 ～图 7.4-15）。

（6）金属挡土墙案例六

挡土墙类型：金属挡土墙

挡土墙材质：耐候钢板

施工工艺：焊接

环境地点：济南市中央商务区

营造手法：采用耐候钢板于硬质广场上围合成种植池，通过植物种植形成特色的景观空间。

图7.4-16　济南市中央商务区金属挡土墙侧面

特点分析：本区域景观是在保留原历史工业建筑的基础上进行周围环境的景观设计，意在传承原场地的精神内涵，延续工业建筑的历史印记，将历史与现代相结合进行统筹设计，选用耐候钢板用作种植池的材质，并形成高于地面的树池，使得其立面既能够与建筑立面的材质、颜色保持一致性，也与整个工业建筑的钢结构框架的锈色相呼应，进一步印证工业建筑的沧桑岁月更替和场地的工业历史印记，同时也是为了丰富室外空间的竖向变化，强化不同空间的边界感。

在建筑基部采用钢板做成折线形树池，既呼应出挑空间，也弱化了建筑立面与地面交接，做好对建筑基部的保护。树池内种植槭树类乔木，既为整个建筑墙面进行装饰，丰富了建筑立面，也增加了整个空间的季相变化。种植池下层栽植观赏草，通过观赏草的强劲生长力和野性来衬托工业建筑的岁月沧桑，从而打造具有工业历史印记的景观空间（图 7.4-16 和图 7.4-17）。

图7.4-17　济南市中央商务区金属挡土墙正面

图7.4-18 上海辰山植物园-矿坑花园耐候钢板挡土墙（一）

图7.4-19 上海辰山植物园-矿坑花园耐候钢板挡土墙（二）

图7.4-20 上海辰山植物园-矿坑花园耐候钢板挡土墙（三）

（7）金属挡土墙案例七

挡土墙类型：耐候钢板挡土墙

挡土墙材质：耐候钢板

施工工艺：焊接

环境地点：上海辰山植物园 - 矿坑花园

营造手法：采用整体耐候钢板，解决了场地较大的竖向高差问题，并形成景观背景。

特点分析：利用山体落差，结合场地竖向标高以及挡土墙的形式建立管理用房，并将其顶部进行景观绿化和通行空间设计，将其融入整个植物园的矿坑花园的山体修复中，解决了场地的竖向高差问题，并形成了耐候钢板挡土墙，也为矿坑底部景观营造提供了背景，更有利于展现植物的形态美。同时，挡土墙也围合出顶部的种植空间和通行空间，并借助于挡土墙的台阶，将挡土墙顶部空间和底部景观空间连通起来，形成更为丰富的动线和空间，增加了观赏点，丰富了整个景观空间的层次性、多样性。

采用锈色耐候钢钢板作为挡土墙的饰面，沿用了上海辰山植物园整体硬质景观设计手法，用耐候钢钢板作为元素穿插于整个园区的设计中，表现园区原址历史上的工业开采印记，延续原场地的精神内涵，将其展现在现代的植物园景观中。此处在采矿遗迹上进行破损山体修复和生态修复，为尊重场地原址的精神内涵，硬质景观的表达方式也与园区保持统一（图 7.4-18 ～图 7.4-20）。

图7.4-21　北京市新华1949产业园-记忆花园（一）

图7.4-22　北京市新华1949产业园-记忆花园（二）

（8）金属挡土墙案例八

挡土墙类型：金属挡土墙

挡土墙材质：耐候钢板、红砖

施工工艺：焊接、密缝

环境地点：北京市新华 1949 产业园 - 记忆花园

营造手法：通过挡土墙围合出种植空间、通行空间、雨水花园。

特点分析：在建筑半围合绿地中，通过耐候方钢、耐候钢钢板与建筑墙体共同围合出种植空间、通行空间、雨水花园，界定了整个景观空间的边界范围。在场地中央，采用钢板围合成种植格，种植地被或散置碎石形成雨水花园，丰富空间的景观效果与生态功能，也将整个空间进行了有效的组织，加长了游憩动线。

选用耐候钢钢板、红砖作为记忆花园的硬质景观材料，旨在呼应整个环境的建筑色彩及其背后的工业印记，传承场地的内在文化内涵，更好地与整个环境融为一体，形成具有工业印记的现代景观空间。在空间内，采用红砖、耐候钢钢板砌筑休憩坐凳，保持了与整个空间景观元素的一致性。种植池内规整的绿篱进一步强调了花园的边界空间，也较好地处理了建筑墙脚的问题，结合观赏草的种植，衬托出整个空间的精致、宁静，又充满自然野趣（图 7.4-21 ～图 7.4-23）。

图7.4-23　北京市新华1949产业园-记忆花园（三）

图7.4-24 杭州小河公园-水上浮亭（一）

图7.4-25 杭州小河公园-水上浮亭（二）

图7.4-26 杭州小河公园-水上浮亭（三）

（9）金属挡土墙案例九

挡土墙类型：金属挡土墙

挡土墙材质：耐候钢板、石材

施工工艺：焊接

环境地点：杭州小河公园-水上浮亭

营造手法：通过挡土墙解决了场地竖向高差问题，并形成具有海绵城市功能的演绎中心。

特点分析：利用原有场地竖向标高，通过梯台式的金属挡土墙，将整个场地围合成一个逐层下沉的内向型的下凹空间，挡土墙结合其上设置的石材坐面，形成具有向心性的休憩设施，满足游人驻足休憩的需求，视线会聚于下凹空间中心。在下凹空间的中心部位，设置了圆形铺装和圆形汀步，空余部位铺设碎石子，形成了集海绵功能、休憩功能、演艺功能于一体的复合功能空间，待雨水汇集后，保留的构筑物如同漂浮在水面上，形成了水上浮亭的景观效果。

采用耐候钢钢板作为挡土墙的构筑材料，源于整个老油库工业遗址景观改造中耐候钢板的应用和延续，能更好地呼应耐候钢板在建筑立面、构筑物、雕塑小品上的应用，保持整个公园在元素和色彩上的统一性。梯台式挡土墙之间的种植依据使用功能而设置，在底部需要人通行和休憩的层级之间，均铺设草坪，满足通行功能的需求。挡土墙后侧采用乔木、灌木、地被相结合的种植方式，既能实现对空间的围蔽，界定人流活动范围，也能够为休憩空间遮阳，增加舒适度（图 7.4-24～图 7.4-26）。

7.5　木材类挡土墙案例

7.5.1　木材挡土墙案例

（1）木材挡土墙案例一

挡土墙类型：防腐木挡土墙

挡土墙材质：防腐木、砖

施工工艺：铆钉、砌筑、空缝

环境地点：北京北土城路街头绿地

营造手法：解决了场地竖向高差问题，围合休憩空间，打造出道路景观节点。

特点分析：通过挡土墙的设置，有效解决了道路绿化地形与道路之间的竖向高差问题，并在人行道路边缘开辟出狭长的功能场地，作为路人行走过程中的休憩节点，并设置坐凳。在活动场地与主道路之间设置绿化节点，解决了休憩空间的围合性，界定了休憩空间的场域。

挡土墙采用防腐木材料，颜色上具有可辨识性，且带有自然属性、亲和力，也容易被游人接受和使用。挡土墙采用曲线形设计，更加有灵动性和趣味性，将休憩设施设置在曲线段的内凹处，形成向心力和凝聚力，更利于游人落座后的交流和交谈。在挡土墙后设置小品或特殊的植物种植方式，更好地与挡土墙融为一体，增加了整个空间的趣味性和可观赏性（图7.5-1 ～图 7.5-3）。

图7.5-1　北京北土城路街头绿地（一）

图7.5-2　北京北土城路街头绿地（二）

图7.5-3　北京北土城路街头绿地（三）

（2）木材挡土墙案例二

挡土墙类型：木饰面挡土墙

挡土墙材质：防腐木

施工工艺：铆钉、空缝

环境地点：临沂市经开区健康城公园

营造手法：以树池的形式围合出种植空间，并形成木饰面休憩坐凳。

特点分析：采用防腐木挡土墙的形式，在运动活动区中多方向人流汇集点处设置花池坐凳，并抬高了地形竖向高度，提高了树池内造型树的高度，使得树池成为整个活动空间的主要景观节点和制高点，加上树的造型，更容易吸引人的视线，成为人流的视觉汇聚点，并成为该区域的标志点，更具有导向性。

挡土墙饰面用防腐木，并按人体工程学的高度设计，使其成为整个活动场地的休憩设施，满足场地的功能需求。树池被设计成流线型，局部自由放大，使得其具有灵活性和动感，同时也较好地处理了各方向人流汇集后的人流导向。防腐木饰面的选择，既满足了坐凳对坐面材质特性的需求，也与整个塑胶场地形成材质对比，增加了场地硬景的质感和色彩对比，更能衬托出挡土墙的稳重。木材本身具有亲和力及自然感也得以展现，让人们更愿意坐在防腐木上休憩（图 7.5-4 ～图 7.5-6）。

图7.5-4　临沂市经开区健康城公园（一）

图7.5-5　临沂市经开区健康城公园（二）

图7.5-6　临沂市经开区健康城公园（三）

（3）木材挡土墙案例三

图7.5-7　上海辰山植物园木材挡土墙（一）

挡土墙类型：木饰面挡土墙

挡土墙材质：杉木杆、砌块

施工工艺：木桩、锚固

环境地点：上海辰山植物园

营造手法：采用挡土墙解决了场地竖向高差问题，围合出竹子的生长空间和草坪空间。

特点分析：采用杉木杆作为饰面的挡土墙，解决了竹林种植的场地与草坪空间的竖向高差问题，同时借助挡土墙的砌筑，有效限定了竹子根部的生长空间，界定了竹林的生长范围，确保草坪空间的完整性和单纯性，更有利于开阔草坪空间和通行空间的打造，满足休憩、通行功能的需求。

采用砌筑墙体作为挡土墙的内部构造，其结构的强度和硬度能够有效抵抗竹鞭生长过程中的穿刺能力和穿透强度，进而能起到对竹子根部的控制作用，采用杉木杆作为饰面能将砖砌体进行遮挡，充分利用了杉木杆的生态性、环保性的木质属性，能够更好地与整体环境相融合，形成舒适、柔和的开阔空间。将杉木杆竖立固定，形成竖向纹理，不仅增加了墙面的纹理变化，也给人以挺拔、舒适的视觉感受，同时增强了草地边界的围合感（图 7.5-7 和图 7.5-8）。

图7.5-8　上海辰山植物园木材挡土墙（二）

（4）木材挡土墙案例四

挡土墙类型：木饰面挡土墙

挡土墙材质：杉木杆

施工工艺：木桩、锚固

环境地点：北京世园公园 - 中国馆北侧

营造手法：采用休憩坐凳与种植池相结合的方式，围合出休憩空间。

特点分析：在中国馆北侧观景平台上，采用休憩坐凳与挡土墙相结合的方式形成树池坐凳，界定场地内的通行空间、休憩空间、种植空间的边界，组织了参观中国馆人流的引导疏散，并为其提供了休憩场所。围合出植物种植空间内种植乔木、灌木、地被，不仅起到造景和竖向空间上的围蔽，也为休憩人群提供遮阴，增加休憩环境的舒适度。

用防腐木作为树池坐凳的饰面材料，不仅能够与观景平台护栏的材质保持一致，也能与地面铺装形成材质对比，打破了干硬的地面铺装，突出了木材的自然属性和亲和力，更易于被接受和使用。树池采用曲线轮廓造型，自由舒畅、具有动感，能够与地面铺装、绿地边界、平台安全护栏形成呼应关系，并将整个铺装场地有效分割，形成不同的功能区域和动线，满足通行、休憩、观景的需求（图 7.5-9 ～图 7.5-12）。

图7.5-9　北京世园公园-中国馆北侧观景平台（一）

图7.5-10　北京世园公园-中国馆北侧观景平台（二）

图7.5-11　北京世园公园-中国馆北侧观景平台（三）

图7.5-12　北京世园公园-中国馆北侧观景平台（四）

（5）木材挡土墙案例五

挡土墙类型：木饰面挡土墙

挡土墙材质：防腐木桩

施工工艺：打桩

环境地点：济南市历城区某小区

营造手法：通过木桩挡土墙围合出园艺种植空间，迎合小区园艺种植需求。

特点分析：于活动场地边界处，通过防腐木桩围合出园艺的种植空间，界定了园艺生产活动的范围，丰富了现代居住区景观功能，满足了业主对园艺种植的希望和需求。在不同的种植池之间采用碎石铺设，既解决了园艺生产和采摘的通行路径问题，也解决了种植池里的排水问题和海绵城市的问题，更具有生态性和环保性。

防腐木桩光滑、笔直，排列有序，平整有度，使人感觉干净整洁、简洁规整、富有次序感，桩与桩之间的凹缝拼接让挡土墙立面富有变化和节奏感，加上园艺植物的遮挡和掩映，使得木桩的竖向上有延伸感，同时，由于圆木桩的尺寸比较小，给人以精致感。木桩的颜色为其自身本色，温暖且富有亲和力，更让人能够放心地去享受园艺生产的快乐和情趣（图 7.5-13 ～图 7.5-15）。

图7.5-13　济南市历城区某小区（一）

图7.5-14　济南市历城区某小区（二）

图7.5-15　济南市历城区某小区（三）

7.5.2 竹木挡土墙案例

挡土墙类型：竹木饰面挡土墙

挡土墙材质：竹坯、防腐木

施工工艺：铆钉、空缝

环境地点：北京世园公园

营造手法：通过挡土墙围合出台地种植空间，并解决了不同竖向高度的道路通行空间问题。

特点分析：典型的梯台式挡土墙，通过多层挡土墙将不同竖向通行空间之间设置形成台地空间，配合种植，形成台地式园林，也映照了展园所处地域的梯田景观。毛竹作为具有地域属性的植物品种用于展园内的挡土墙饰面，不仅展示了所代表地方的地域属性，也能够与展园内的雕塑、小品保持材质上的统一，共同作为地域性文化载体，显示了地域性文化的特性。竹坯自身具有自然属性和原生态属性，与压顶的原木组合在一起，形成了具有自然、生态、环保理念的挡土墙。竹坯的拼缝形成横向纹理，加上竹坯自身的竹节纹理，让整个挡土墙具有层叠感的同时，也具有韵律变化和节奏感。

在挡土墙与建筑物、廊桥相衔接的部位采用植物种植进行遮挡，有效弱化了硬质景观的碰撞，让两者有效过渡，也解决了挡土墙的末端收尾的隐蔽性问题，给人以延伸感（图 7.5-16 ～图 7.5-18）。

图7.5-16　北京世园公园竹木饰面挡土墙（一）

图7.5-17　北京世园公园竹木饰面挡土墙（二）

图7.5-18　北京世园公园竹木饰面挡土墙（三）

7.6　混凝土挡土墙案例

（1）混凝土挡土墙案例一

挡土墙类型：混凝土挡土墙

挡土墙材质：混凝土、砌体

施工工艺：现场浇筑

环境地点：北京世园公园演艺中心

营造手法：挡土墙与建筑相结合，形成演艺中心地下入口。

特点分析：在演艺中心入口，通过挡土墙与建筑外墙相衔接的对称设置，在入口处两侧利用退台式挡土墙围合出演艺中心入口的通行空间，解决了自然草坡与通行道路之间的竖向高差问题，形成了梯台式的种植空间。挡土墙采用曲线造型，与地面的草坡轮廓共同形成了似蝴蝶外形的轮廓线，与演艺中心的建筑物蝴蝶造型相呼应，成为其地面的投影，使得两者能够更好地融为一体。

挡土墙采用混凝土材料，既能够与演艺中心的建筑物外墙在材质和质感上保持一致性和整体性，也利用了混凝土挡土墙的特性处理了开放草坪空间场地与演艺入口空间的巨大高差，解决了曲线饰面的装饰问题。退台的种植空间内种植花卉、观赏草类的观赏植物，其自然形态和水泥挡土墙的人工肌理形成明显的反差，而两者又能通过相互掩映，互成背景融合一体，诠释了人工与自然相协调的设计理念（图 7.6-1 ～图 7.6-3）。

图7.6-1　北京世园公园演艺中心入口（一）

图7.6-2　北京世园公园演艺中心入口（二）

图7.6-3　北京世园公园演艺中心入口（三）

图7.6-4　杭州市天目里园区下沉通道空间（一）

图7.6-5　杭州市天目里园区下沉通道空间（二）

图7.6-6　杭州市天目里园区下沉通道空间（三）

（2）混凝土挡土墙案例二

挡土墙类型：混凝土挡土墙

挡土墙材质：混凝土、防腐木

施工工艺：混凝土浇筑

环境地点：杭州市天目里园区

营造手法：通过挡土墙围合成梯台式的花池和休憩平台，形成具有独具特色的通行空间。

特点分析：在下沉通道空间中，依据楼梯竖向高差变化，采用混凝土浇筑，形成梯台式种植池，并在梯台和楼梯踏步的竖向标高一致时，设置步入式的休憩平台，增加了整个楼梯通行空间的休憩功能，把楼梯通行空间改变成为集通行、休闲于一体的景观空间，增加了通行空间的活力及亲和力，可以享受通行空间的乐趣。

采用清水混凝土作为挡土墙的材质，与建筑墙体、台阶保持一致性，共同围合出灰色调空间，清凉、宁静、素雅。在树池内种植小灌木，给整个空间增加了色彩和生机活力，同时，也界定了每个休憩平台的空间，保证了其各自的私密性。休憩平台采用防腐木地板和栗木色的家具，与周围环境的色调形成鲜明的对比，增添了整个环境的颜色变化，给人以温馨和亲和力的感受，让在此休憩的人充满温馨感和舒适感（图 7.6-4 ～图 7.6-6）。

（3）混凝土挡土墙案例三

挡土墙类型：混凝土挡土墙

挡土墙材质：清水混凝土

施工工艺：现场浇筑

环境地点：北京园博园设计师园 - 庭之起源

营造手法：通过挡土墙解决了场地与展园内部的竖向高差问题，并界定了展园的内部空间。

特点分析：采用混凝土挡土墙围合成展园空间，解决了场地内部地形与外部的竖向高差问题，为庭院内不同坡向的种植坡面提供了挡土功能，也为内部整个景观空间的营造提供了基础条件。同时，借助于挡土墙在种植坡地内部围合出一个夹道通行空间，解决了游人进入庭院的参观通行路线问题，让游人进入展园内部时体验欲扬先抑的景观处理手法，前面围蔽的通行空间到进入豁然开朗的空间，使人感到惊奇、惊喜，加深了其对庭院内部空间的感受。

混凝土挡土墙本身就给人以一种干净、清凉、寂静的感受，结合其直线、折线、倾斜面的造型设计，给人现代、简洁、硬朗、大气的感受。挡土墙围合的坡地上采用的是分层级的直线型绿篱，给人以层层上升之感，既契合了挡土墙的坡地变化，也有一种简洁、规整的现代感，与整个庭院和挡土墙的风格相匹配（图 7.6-7 ～图 7.6-10）。

图7.6-7　北京园博园设计师园-庭之起源内部空间坡地

图7.6-8　北京园博园设计师园-庭之起源通行空间（一）

图7.6-9　北京园博园设计师园-庭之起源通行空间（二）

图7.6-10　北京园博园设计师园-庭之起源围墙

（4）混凝土挡土墙案例四

挡土墙类型：混凝土挡土墙

挡土墙材质：混凝土、防腐木

施工工艺：混凝土浇筑

环境地点：北京世园公园生活体验馆附近

营造手法：挡土墙与休憩平台相结合，形成台阶式挡土墙。

特点分析：结合场地竖向高差，采用混凝土结构形成四级台阶处理，不仅解决了场地的竖向高差问题，同时界定草坪活动空间、植物种植空间、休憩看台空间，形成集观看和休憩功能于一体的台阶式护坡挡土墙。挡土墙面对草坪活动空间，后侧为种植空间，满足其作为看台空间的必备要求。

台阶式挡土墙采用混凝土结构分段浇筑，亚光面和防腐木相结合，形成富有变化的坐面。看台随着地形的变化而变化，并设计成曲线形设计，让沉重的混凝土挡土墙产生了流动感，加上台阶立面的倾斜设计，降低了其视觉高度，增加了其柔和度。挡土墙后侧种植空间采用乔木＋灌木＋地被的种植模式，辅以常绿植物的搭配，成为整个草坪空间的边界围蔽。台阶前侧为主要草坪活动区域，是干净整洁的开阔草坪，便于在看台上看到草坪空间内的活动情况，局部靠近看台区域点缀多棵乔木，为整个看台提供树荫，让休憩空间更加舒适（图 7.6-11 ～图 7.6-13）。

图7.6-11 北京世园公园生活体验馆附近（一）

图7.6-12 北京世园公园生活体验馆附近（二）

图7.6-13 北京世园公园生活体验馆附近（三）

（5）混凝土挡土墙案例五

挡土墙类型：混凝土挡土墙

挡土墙材质：混凝土

施工工艺：混凝预制块

环境地点：北京世园公园 - 上海园

营造手法：通过挡土墙处理了场域的竖向高差问题，并围合出通行空间、种植空间。

特点分析：通过挡土墙解决了展园入口空间和展园内部空间、种植空间与通行之间的竖向高差问题，界定了展园的入口空间、园路通行空间、活动空间、种植空间，并通过园路通行空间将各个节点串联起来，共同形成一个具有时代感和现代感的展示空间。挡土墙依据场地的竖向高差，结合种植空间内的地形营造，围合出高低起伏的地形，辅以植物种植，形成了多处景观空间，进而更全面地展示上海的地域文化特点。

采用混凝土预制块喷涂白色漆料形成白色的挡土墙，从展园入口开始设置，蜿蜒进入展园内部，并于末端逐渐缩小收尾，与地面铺装相结合，如白色的云嵌入园区之中，既起到了引导人流入园并组织参观路线的作用，同时与周围的绿化种植、道路铺装形成鲜明的对比，成为绿化铺装的收边装饰，精致整洁、自由舒畅，具有动感和灵动性。其高度和宽度满足人体工程学坐凳高度，在挡土墙与平面铺装结合的位置，可以充当休憩设施，满足游人的休憩需求（图 7.6-14 ～图 7.6-16）。

图7.6-14 北京世园公园-上海园挡土墙（一）

图7.6-15 北京世园公园-上海园挡土墙（二）

图7.6-16 北京世园公园-上海园挡土墙（三）

图7.6-17 北京市元大都城垣遗址公园-悦享小筑挡土墙（一）

图7.6-18 北京市元大都城垣遗址公园-悦享小筑挡土墙（二）

图7.6-19 北京市元大都城垣遗址公园-悦享小筑挡土墙（三）

（6）混凝土挡土墙案例六

挡土墙类型：混凝土挡土墙

挡土墙材质：水泥混凝土、防腐木

施工工艺：现浇、铆钉

环境地点：北京市元大都城垣遗址公园 - 悦享小筑

营造手法：营造出具有特色造型的花池，兼具休憩设施功能。

特点分析：通过挡土墙的设计，结合台阶、花池，在道路旁的绿地空间中围合出铺装空间、植物种植空间，解决了场地竖向高度问题，形成了半封闭的休憩空间和观景平台。在空间内，将带有场所文化内涵的雕塑小品植入，不仅提升了空间的竖向高度，而且丰富了空间色彩，进一步提升了空间的文化内涵，使其成为整个场域内标志性的景观点。

挡土墙采用直线、折线造型，结合白色的饰面，给人以简洁、硬朗、大气的现代感，并形成视觉冲击，成为绿地中的视觉汇聚点，产生聚集效应，吸引路人进入休憩。其立面和坐凳使用防腐木，不仅丰富了景观空间的色彩，增加了空间的亲和力、舒适度、温馨感，而且使得挡土墙的立面产生色彩对比和软硬材质的变化，丰富了挡土墙的立面，增加了挡土墙的立体感。种植池内选用观赏草、花境进行的搭配，增添了空间的色彩变化，调和了空间软硬对比，为空间注入了自然野趣、生机活力（图 7.6-17 ～图 7.6-19）。

（7）混凝土挡土墙案例七

挡土墙类型：混凝土挡土墙

挡土墙材质：混凝土、防腐木

施工工艺：现浇、铆钉

环境地点：北京市北土城东路街头绿地

营造手法：营造出兼具休憩功能的特色造型花池。

特点分析：在街头绿地休憩空间中，采用挡土墙与花池相结合的形式设置成具有休憩功能的种植池坐凳，同时满足了空间对种植和休憩设施的需求，也将整个休憩空间与道路通行空间进行了形式上的界定，使得整个休憩空间更为完整。

花池采用白色饰面，使得整个花池干净、整洁、较为醒目，配合流线型的设计，让整个花池更具有艺术感和活力动感。防腐木坐面设计，不仅为花池增添了色彩变化，也增加了花池的亲和力和柔性美。结合花池边上设计的吧台坐凳，形成高低错落、虚实相应、色彩搭配丰富的街头景观艺术小品（图 7.6-20 ～图 7.6-22）。

图7.6-20　北京市北土城东路街头绿地（一）

图7.6-21　北京市北土城东路街头绿地（二）

图7.6-22　北京市北土城东路街头绿地（三）

图7.7-1 北京市元大都城垣遗址公园挡土墙（一）

图7.7-2 北京市元大都城垣遗址公园挡土墙（二）

图7.7-3 北京市元大都城垣遗址公园挡土墙（三）

7.7 混凝土预制块挡土墙案例

7.7.1 混凝土砌块挡土墙案例

（1）混凝土砌块挡土墙案例一

挡土墙类型： 混凝土砌块挡土墙

挡土墙材质： 混凝土预制块

施工工艺： 干垒、密封

环境地点： 北京市元大都城垣遗址公园

营造手法： 围合出道路通行空间，保护元大都土城墙遗址。

特点分析： 在元大都土城墙遗址的凹处，采用预制仿石混凝土砌块错缝码放于两侧土城墙坡地基部，稳固了两侧土墙遗址的土基，防止水土流失造成破坏，同时也形成道路通行空间，便于土城墙遗址两侧公共空间的联系和通行，保证了遗址公园的道路的通达性。道路两侧高大的乔木遮天蔽日，将通行空间笼罩其下，形成曲径通幽的意境美。

挡土墙采用预制仿石混凝土砌块制品，能够提前预制，现场安装简单快捷。块材立面如同石材荔枝面，颗粒感比较强，给人以质感。块材之间因其形制产生内凹，拼接内凹造型，连贯起来，形成规律的凹凸变化，增强了墙面光影变化和立体感。墙面的颜色为土黄色，与泥土颜色相近，围合于土坡周围，与整个大环境相协调（图 7.7-1 ～图 7.7-3）。

（2）混凝土砌块挡土墙案例二

挡土墙类型：混凝土预制块挡土墙

挡土墙材质：混凝土预制块

施工工艺：干垒、密封

环境地点：北京世园公园 - 万芳华台

营造手法：通过挡土墙围合出观景平台和通行空间，解决了场地的竖向高差问题。

特点分析：典型的梯台式挡土墙，通过多层挡土墙形成解决了台地与主路干道之间的竖向高差问题，围合出主路通行空间、“万芳华台”景点的观景平台及通往观景平台的园路通行空间，界定了世园公园主轴线空间和外部的边界，并形成不同梯台之间的种植空间，通过种植乔木、花灌木、宿根花卉，将整个台地变成立体花坛，丰富了挡土墙立面的色彩变化，弱化了墙面的单调性。挡土墙临主路而建，为游人提供了行进的导引方向。围合出的地形高处建设观景平台，可远眺中国馆，俯瞰主入口轴线景观，成为展园内的主要景观节点。

挡土墙和种植空间内的乔木、灌木、地被组合在一起，组成了垂直绿化空间，形成绿色屏障，将场地划分为不同功能的景观空间。挡土墙梯台式的设计，弱化了挡土墙对主路上游人视觉的压迫感，增加了游人的舒适感。预制混凝土砌块形成的墙面富有凹凸变化、虚实变化、光影变化及立体感。砌块的粗糙质感让整个挡土墙更富有自然肌理（图 7.7-4 ～图 7.7-6）。

图7.7-4　北京世园公园–万芳华台挡土墙（一）

图7.7-5　北京世园公园–万芳华台挡土墙（二）

图7.7-6　北京世园公园–万芳华台挡土墙（三）

图7.7-7 北京市新兴桥（公主坟）绿化带挡土墙（一）

图7.7-8 北京市新兴桥（公主坟）绿化带挡土墙（二）

图7.7-9 北京市新兴桥（公主坟）绿化带挡土墙（三）

（3）混凝土砌块挡土墙案例三

挡土墙类型：混凝土预制块挡土墙

挡土墙材质：混凝土预制块

施工工艺：砌筑

环境地点：北京市新兴桥（公主坟）绿化带

营造手法：在绿地中围合出道路通行空间，保证了立交桥各个方向道路连接通畅和游人休憩、活动的功能空间。

特点分析：在新兴桥绿化带中，采用混凝土预制块挡土墙围合出下沉道路通行空间，保证了立交桥立体交通中的各方向车道顺畅，同时与台阶相结合，形成从人行道路进入绿地中的入口空间。另外也保证了立交桥内绿地的竖向高度和绿化种植高度，最大限度地保证了立交桥东西方向（西长安街）行车道两侧的道路绿化种植的景观效果。

挡土墙采用混凝土预制块砌筑而成，并在预制块中预留凹槽，砌筑完成后，形成横向线条的装饰缝，增加墙面的横向纹理，丰富了墙面的变化。同时，横向纹理也弱化了墙体的视觉高度，减少其对人的压迫感。在挡土墙的后侧绿地中，种植了地锦、迎春等爬藤类和软枝条的植物来装饰挡土墙的墙面，让其融入绿化之中，弱化了其墙面硬度，增加了墙面的生机，给人带来亲和性和舒适感（图 7.7-7 ～图 7.7-9）。

（4）混凝土砌块挡土墙案例四

挡土墙类型： 混凝土预制块挡土墙

挡土墙材质： 混凝土预制块

施工工艺： 干垒

环境地点： 北京市天坛公园

营造手法： 围合成树池用来保护古树名木，同时成为休憩设置。

特点分析： 在名木古树周围采用古树复壮技术，用混凝土预制块垒成树池，其内回填种植土，形成对古树名木根部的保护，也减少了对古树的近距离接触，避免古树名木基部的土壤因踩踏而板结，影响古树根部的呼吸，进而影响古树名木的生长。在树池的最上层用混凝土预制块光面，形成整体的平面层，高度符合人体工程学中坐凳的高度设置范围，可满足游人休憩的需求，是比较舒适的休憩设施。

挡土墙采用混凝土预制块错缝干垒，形成的立面与天坛公园里的历史文物建筑、围墙存在颜色、形制、体块上的相似，视觉感官上的一致性，能够与整个天坛历史建筑及整个环境相呼应，更容易融入整个大环境之中。树池的样式基本以方形为主，辅以其他形状的树池，能够与地面上铺装预留的树池的形状相呼应，使得树池在形状上能够与整个环境相协调（图 7.7-10 ～图 7.7-12）。

图7.7-10　北京市天坛公园树池（一）

图7.7-11　北京市天坛公园树池（二）

图7.7-12　北京市天坛公园树池（三）

7.7.2 混凝土空心块挡土墙案例

（1）混凝土空心块（生态砖）挡土墙案例一

挡土墙类型： 混凝土预制空心砖挡土墙

挡土墙材质： 混凝土预制空心砖

施工工艺： 干垒、嵌挤

环境地点： 北京市凉凤灌渠带状绿地

营造手法： 挡土墙解决了带状绿地与德贤东路的竖向高差问题，围合出带状绿地范围。

特点分析： 采用混凝土预制空心砖形成挡土墙，将凉凤灌区的护坡堤岸的带状绿地围合起来，既保证了其护坡范围内的河堤绿地竖向标高，又解决了其与德贤东路之间的竖向高差问题，界定了德贤东路的行车边界。同时，利用混凝土空心砖内的种植空间，通过艺术种植手法，形成了具有图案化护坡种植，形成具有较高观赏价值的生态挡土墙景观，同时提升了德贤东路的道路绿化效果。

图7.7-13 北京市凉凤灌渠带状绿地（一）

挡土墙采用的是把混凝土预制空心砖固定于坡地上，借助于空心砖侧壁的高度差来解决竖向高差问题，通过逐层抬高的方式形成混凝土预制空心砖挡土墙，进而起到挡土、固土的功效。并于混凝土预制空心砖的内部填上种植土，按照设计要求进行植物种植和搭配，借助于植物的长势逐渐将挡土墙遮蔽于植物枝叶之下，弱化了其硬质的存在，最大限度起到了其生态性、绿化的作用（图 7.7-13 ～图 7.7-15）。

图7.7-14 北京市凉凤灌渠带状绿地（二）

图7.7-15 北京市凉凤灌渠带状绿地（三）

（2）混凝土空心块（生态砖）挡土墙案例二

挡土墙类型：混凝土预制空心砖挡土墙

挡土墙材质：混凝土预制空心砖

施工工艺：干垒、嵌挤

环境地点：北京市莲花桥绿化带

营造手法：解决了立体交通行车道护坡竖向高差问题，并形成立体生态挡土墙。

特点分析：采用混凝土预制空心砖，依据道路护坡坡度进行挤密铺设，于空心砖内回填种植土，并进行草坪种植，一定程度上能够遮蔽空心砖的混凝土边框，进而形成草坪护坡的视觉感受，改善了道路护坡的景观效果，同时形成了生态护坡挡土墙，起到护坡和道路基础稳固的作用，也保证了下沉车行道通行的安全性和稳定性。

护坡挡土墙采用混凝土预制的六边形空心砖，以模数的形式铺设，嵌挤紧密、有力，能够形成整体受力，进而实现了较大坡度的护坡处理。在砖体内部预留空心进行植物种植，解决了混凝土砖体遮蔽问题，形成可视的观赏立面，同时，空心砖也借助于植物的根系固土和受力，进一步稳固了混凝土预制空心砖砖体，保证整个生态挡土墙的稳定性（图 7.7-16 ～图 7.7-18）。

图7.7-16　北京市莲花桥绿化带护坡挡土墙（一）

图7.7-17　北京市莲花桥绿化带护坡挡土墙（二）

图7.7-18　北京市莲花桥绿化带护坡挡土墙（三）

7.7.3 混凝土预制板挡土墙案例

（1）混凝土预制板挡土墙案例一

挡土墙类型：混凝土预制板挡土墙

挡土墙材质：水泥预制板

施工工艺：拼接、密封

环境地点：北京世园公园 - 中华园艺展示区入口

营造手法：采用水泥预制板挡土墙围合成中华园艺展示区入口空间，并形成富有中国传统植物文化的景墙。

特点分析：结合电瓶车停车站场地和中华园艺展园入口广场空间，通过设置挡土墙树池的形式，界定了行车范围、展园入口范围，并借用挡土墙的转弯形式，在面向人流的方向设置挡土墙，提高了“中华园艺展示区”字体的高度，形成具有视觉震撼的效果，有效地吸引、引导和组织游人进入展区。

挡土墙采用倾斜式设计，直线和曲线相结合，表层喷涂白色漆料，使得墙体具有现代感，简洁大气，在绿色植物背景衬托下，更具有吸引力。墙面采用传统植物兰花的图案，既丰富了墙面的肌理变化，也增加了展示区入口两侧景墙展示性和文化性，更好地展示了中华园艺的文化。为了保持景观的整体性，与挡土墙相连的地面铺装亦雕刻兰花图案，并与挡土墙的兰花图案进行有效衔接和过渡，使其铺装与墙面保持连贯性和统一性（图 7.7-19 ～图 7.7-21）。

图7.7-19 北京世园公园-中华园艺展示区入口（一）

图7.7-20 北京世园公园-中华园艺展示区入口（二）

图7.7-21 北京世园公园-中华园艺展示区入口（三）

（2）混凝土预制板挡土墙案例二

挡土墙类型：混凝土预制板挡土墙

挡土墙材质：混凝土预制板

施工工艺：拼接安装

环境地点：台湾某快速路

营造手法：围合出道路绿化和道路通行空间，解决了山体护坡及绿化问题。

特点分析：由于道路通行空间有限，现场竖向高差较大，故采用混凝土预制板挡土墙来解决现场问题，减少占用场地空间。考虑到墙体立面景观效果，采用了仿鹅卵石的磨具进行混凝土预制板浇筑，形成了仿鹅卵石墙体的立面效果，使得墙面富有凹凸变化，增加了墙面的立体感和趣味感。

挡土墙与道路之间的绿化采用草坪和彩色带状绿篱形式，将道路边界进行了较好的界定，并具有较强的可辨识性，起到警示和缓冲性作用。同时，绿篱遮挡住挡土墙的基部，解决了挡土墙与绿地和道路的视觉冲突，使得挡土墙更容易与整个环境相协调。挡土墙顶部种植观赏草来固定土壤，同时种植藤本类植物、枝条柔软的灌木，利用两者的垂吊特性对挡土墙饰面进行装饰和遮挡，以美化挡土墙，增加墙面可观赏性，实现道路侧面的垂直绿化（图 7.7-22 ～图 7.7-24）。

图7.7-22　台湾某快速路挡土墙（一）

图7.7-23　台湾某快速路挡土墙（二）

图7.7-24　台湾某快速路挡土墙（三）

7.7.4 混凝土塑石挡土墙案例

（1）混凝土塑石挡土墙案例一

挡土墙类型：塑石挡土墙

挡土墙材质：混凝土

施工工艺：塑石

环境地点：北京世园公园 - 山西园

营造手法：通过塑石挡土墙解决场地竖向高差问题，形成假山。

图7.7-25 北京世园公园-山西园（一）

特点分析：在山西园西北角，借用场地的竖向高差与挡土墙，采用混凝土塑石与景石相结合的方式搭建出景石假山，并与水景相结合，形成园区内的假山流水景观，解决了挡土墙的收口问题，同时与景石共同组建了整个展园的制高点，成为整个展园的亮点。在假山底部因有水面和其他形式挡土墙的阻隔，人无法近距离欣赏，用混凝土塑石来模拟景石效果，既能显现景石假山的效果，也有利于整个假山的结构稳固，为假山继续堆叠提供了稳定的基础，同时，与对面的塑石假山相呼应。

采用混凝土塑石作为挡土墙材料，模拟其上景石的纹理、质地、颜色，不仅便于与两侧挡土墙实现相互穿插过渡，而且利于进行整个假山流水的流水口、溢流口、流水效果的把控（图 7.7-25 和图 7.7-26）。

图7.7-26 北京世园公园-山西园（二）

（2）混凝土塑石挡土墙案例二

挡土墙类型：塑石挡土墙

挡土墙材质：混凝土

施工工艺：塑石

环境地点：四川省江油市太白故居风景名胜区

营造手法：通过塑石挡土墙解决场地竖向高差问题，形成入口对景的景墙。

特点分析：该挡土墙位于四川省江油市太白故居风景名胜区的太白碑林入口正对位置，借用场地竖向高差，采用塑石的形式，设置成文化景墙，通过展示不同时期的李白仿石雕像、不同时期的诗歌作品等来表达他在文学上不同时期的造诣，诠释其在中国文学发展的重要地位，成为中国文学发展的里程碑，也印证了太白碑林景区的命名。

通过塑石的形式将挡土墙处理成仿石摩崖石刻的墙体，竖向上高低起伏变化，形成富有变化的轮廓线，墙体进退有序，形成层次感，结合李白不同时期的石刻雕像，增加了整个墙面的立面效果。在平整的石面上进行摩崖石刻，展示诗仙李白不同时期的文学作品，增加了整个挡土墙的文化内涵和艺术感。在挡土墙中部设置流水飞瀑，增加了整个墙面的柔性美和画面的流动性。挡土墙前侧采用灌木、地被作为前景，既解决了挡土墙与绿地衔接的问题，又不影响挡土墙的展示。后侧的植物种植不仅为挡土墙提供了背景，而且为挡土墙后侧起到了固土作用（图 7.7-27 ～图 7.7-29）。

图7.7-27　四川省江油市太白故居风景名胜区塑石（一）

图7.7-28　四川省江油市太白故居风景名胜区塑石（二）

图7.7-29　四川省江油市太白故居风景名胜区塑石（三）

参考文献

[1] 唐学山，李雄，曹礼昆. 园林设计［M］. 北京：中国林业出版社，1977.

[2] 张艳艳. 辽宁JY园林绿化工程有限公司发展战略研究［D］. 大连：大连理工大学，2019.

[3] 陈跃中. 风景园林发展的当代性特征研究［J］. 中国园林，2017（9）：46-51.

[4] 周恒宇. 锚杆挡土墙在边坡防护中力学机理的研究［D］. 成都：西南交通大学，2021.

[5] 李锋. 公路重力式挡土墙墙身截面形态选择初探［J］. 河南科技，2005，（1）：32-33.

[6] 余胤周. 对山地小区挡土墙设计的思考［J］. 村镇建设，1998，（6）：12-12.

[7] 安琳媛. 挡土墙设计之景观效应［J］. 内蒙古煤炭经济，2000，（6）：93-94.

[8] 王金敖. 园林中挡土墙景观化的构建研究［D］. 杭州：浙江农林大学，2015.

[9] 王景梅. 汶川震区路肩墙震害机理与抗震设计标准分析［D］. 成都：西南交通大学，2010.

[10] 张欢. 半干旱地区城市小型河道景观竖向设计研究——以沣西新城新河公园为例［D］. 西安：西安建筑科技大学，2019.

[11] 叶春旺. 园林中景观挡土墙的应用研究［D］. 哈尔滨：东北林业大学，2011.

[12] 朱伟. 城市河岸的生态更新研究［D］. 杭州：浙江大学，2005.

[13] 王恒. 园林中挡土墙的应用与设计［D］. 北京：北京林业大学，2010.

[14] 刘林栋. 重庆市山地城市公园景观墙体研究［D］. 重庆：西南大学，2015.

[15] 衣晓霞，王崑. 浅谈色彩心理效应在园林中的应用［J］. 现代农业科技，2007（3）：29-33.

[16] 高志强. 挡土墙特征性研究［D］. 西安：西安建筑科技大学，2009.

[17] 孙建. 重庆市中小学校园文化墙设计优化策略研究［D］. 重庆：重庆大学，2016.

[18] 卢黎刚. 昆明市主城区山地住宅小区挡土墙景观化设计研究［D］. 昆明：西南林业大学，2017.

[19] 刘谦秦. 浅谈中国古典园林建筑的功能与类型［J］. 中国科技信息，2005（16）：261-261.

[20] 黄丽婧. 江苏省生产建设项目水土保持措施研究［D］. 南京：南京农业大学，2013.

[21] 廖路勇. 山地城市高填方条件下支挡结构体系应用研究［D］. 重庆：重庆交通大学，2014.

[22] 冶兆虎. 山区公路挡土墙设计浅析［J］. 科技信息. 2010（06）：332-334.

[23] 高智亭. 高速公路挡土墙施工分析［J］. 交通世界，2010（06）：332-334.

[24] 陶昌军，杨宏军，张小龙，等. 砌筑抗震藏式墙在西藏地区建筑工程中的应用［J］. 建筑施工，2020（2）：3.

[25] 刘克礼，黄凤姣，张丽新. 重力式挡土墙的施工质量问题与防治［J］. 交通运输研究，2008（2）：80-82.

[26] 孟良胤，章来军，周之静，等. 石笼网生态挡土墙在景宁县鹤溪河治理中的应用［J］. 浙江水利科技，2017（1）：4.

[27] 颜友清. 砌体基本力学性能和配筋混凝土砌块砌体挡土墙研究［D］. 长沙：湖南大学，2011.

[28] 韩馨. 装配式波纹钢板挡土墙工程应用技术［J］. 青海交通科技，2021，（002）：52-60.

[29] 曾光辉. 浅论钢筋混凝土悬臂式挡土墙计算［J］. 江西建材，2015（3）：4.

[30] 史桂华，翟瑞海，管荣坤. 高层建筑主体结构工程钢筋质量控制分析［J］. 建筑技术开发，2018（4）：3.

[31] 柴永江，李恩治，陈遵海. 挡土墙的正确施工措施［J］. 辽宁建材，2006（3）：60-60.

[32] 韩信. 预制混凝土空心块景观挡土墙的应用［J］. 铁道建筑技术，2017（9）：4.

[33] 郭长江. 外墙EPS保温体系及真石漆面层配套做法综述［J］. 施工技术，2014（S2）：658-660.

[34] 王海波，刘思清. 在景观工程中挡土墙的设计形式及多功能性［J］. 山西建筑，2006,（20）：2.

[35] 张静. 现代园林中挡土墙及护坡的设计［J］. 园林，2007（04）：28-29.

[36] 郭淑清. 园林挡土墙的景观艺术性［J］. 技术与市场：园林工程，2005（11）：4.

[37] 李顺阳，邓成宪.浅谈山地小区挡土墙设计［J］. 云南建筑，2009（2）：44-46.

[38] 杨睿. 重庆主城区道路挡土墙装饰艺术分析［J］. 重庆建筑，2014（1）：18-21.

[39] 周家山，方飞虎，程红. 攀缘和披垂类植物在山区城市垂直绿化中的应用［J］. 小城镇建设,2004（09）：48-49.

[40] 林海燕. 城市绿地中的挡土墙设计研究［D］. 长沙：湖南农业大学，2010.